L'ASTRONOMIE
DE L'EXTRÊME UNIVERS

François VANNUCCI

L'ASTRONOMIE DE L'EXTRÊME UNIVERS

Odile Jacob

15, rue Soufflot, 75005 Paris

www.odilejacob.fr

ISBN 978-2-7381-1913-1

Qu'est-ce que l'homme, si le bien suprême, l'aubaine de sa vie est uniquement de dormir et de manger ?... Une bête rien de plus. Certes celui qui nous a faits avec cette vaste intelligence, avec ce regard dans le passé et dans l'avenir, ne nous a pas donné cette capacité, cette raison divine, pour qu'elles moisissent en nous inactives.

W. SHAKESPEARE, *Hamlet*

Quel étrange animal que l'homme ! Sa curiosité est insatiable. Non seulement il apprivoise et dompte la nature pour rendre sa vie plus confortable, soigner ses maladies ou faciliter ses déplacements, suivant un instinct bien naturel ! Mais une force obscure le pousse sans cesse au-delà du connu, dans une quête du savoir pur qui semble complètement gratuite en termes d'applications capables d'accroître son bien-être. L'homme ne vit pas seulement de pain, la recherche scientifique en est l'illustration ! Alors, dans quelles directions actuelles le porte sa curiosité et pourquoi se donne-t-il tant de mal ?

Depuis des millénaires, l'homme a regardé vers le ciel, d'abord sans doute pour son seul émerveillement puis dans l'espoir d'y trouver une réponse à son destin. Il a inventé l'astrologie qui tisse un lien émotionnel entre les mystères de l'Univers et l'existence personnelle. Cette quête, d'abord irrationnelle, s'est transmuée en une étude raisonnée des objets célestes. Dans la profondeur du ciel, on élucide aujourd'hui, non plus un quelconque avenir individuel, mais l'avenir prévisible de l'Univers dans sa globalité.

En suivant, d'abord à l'œil nu, les trajectoires de tout ce qui laisse une trace visible sur la voûte céleste, et en expliquant la dynamique des mouvements observés, on a obtenu un premier résultat bien surprenant : contrairement à l'impression initiale, la Terre n'est pas immobile au centre de la Création. Ce résultat peut paraître déstabilisant pour l'homme qui se découvre bien marginal dans l'économie du cosmos, accroché à son infinitésimale planète qui virevolte dans l'immense Univers. Après la simple analyse des trajectoires, l'homme a étudié, à l'aide de télescopes de plus en plus puissants, les distributions en trois dimensions des objets visibles dans le ciel. Cela a permis aux astronomes d'imaginer des scénarios capables de rendre compte des observations. Il a fallu inventer des mécanismes et imaginer les moteurs à l'œuvre pour expliquer la dynamique d'ensemble de la multitude des points lumineux détectés. Plus récemment encore, on a ouvert le front de la cosmologie, c'est-à-dire l'histoire de l'évolution de l'Univers total. C'est ainsi qu'on a repoussé petit à petit les frontières de l'infiniment grand exploré par l'esprit humain.

Un autre front de la connaissance s'est développé en parallèle, celui de la recherche concernant l'infiniment petit. Il s'agit là d'une quête *a priori* bien différente : au lieu de tourner les yeux vers le ciel, on sonde de manière de plus en plus profonde la structure intime de la matière présente à portée de main. Ces études, favorisées par l'avènement des accélérateurs, scrutent la réalité sensible de notre milieu jusqu'à des dimensions à peine imaginables. On ausculte aujourd'hui un à un les constituants élémentaires. Ici encore, l'homme n'en sort pas grandi : son corps est constitué des mêmes banals objets qui forment toute la matière dans laquelle il est plongé.

Et dans ces deux approches complémentaires, qui représentent les deux extrêmes du grand large où avance la connaissance actuelle, une question se repose inlassablement : « Qu'y a-t-il au-delà ? »

L'exploration aux deux frontières du savoir s'est accélérée au cours des cent dernières années : on a sondé toujours plus profondément l'infiniment petit, on a repoussé toujours plus loin l'infiniment grand. Aujourd'hui, le savoir est arrivé à un tournant. La cosmologie dévoile les propriétés même du Big Bang, c'est-à-dire de l'événement originel qui a donné naissance à l'Univers que nous connaissons. Déclenché à l'instant zéro du temps, instant qui représente une limite asymptotique, cet état primordial nous est en principe inaccessible. De son côté, l'étude des constituants élémentaires est arrivée à un palier de connaissance au-delà duquel certains prédisent un vaste désert vide de phénomènes nouveaux.

Mais malgré ses exploits récents, l'homme n'est pas encore rassasié, il ouvre de nouveaux chantiers de recherche. L'un d'entre eux dresse un pont direct entre les deux frontières supposées irréconciliables de l'infiniment petit et de l'infiniment grand. Depuis peu, une autre façon de regarder l'Univers s'est développée, on l'appelle « l'astroparticule ». Cette discipline a pour but affiché d'explorer de manière différente le cosmos qui nous entoure en le sondant dans ses retranchements ultimes. En effet, le premier balisage de notre Univers sensible est en quelque sorte achevé, les confins en sont atteints. Il s'agit maintenant de revenir aux mondes découverts pour en préciser les mécanismes de fonctionnement.

Comment définir l'astroparticule ? En première analyse, il s'agit d'une exploration du cosmos utilisant les techniques développées en physique des particules, c'est-à-dire en profitant de tout l'acquis des expériences construites précédemment auprès des accélérateurs. Après tout, un proton qui provient d'un quasar ou d'un collapsar possède des propriétés identiques à celui qui sort d'un accélérateur. Les méthodes d'observation longuement mises au point au laboratoire peuvent donc être transposées sans grand changement, même si, dans la pratique, elles réclament des extrapolations parfois acrobatiques car on s'intéressera ici à des énergies qu'il est impossible de reproduire sur Terre.

La naissance et le développement récent de cette nouvelle spécialité sont en grande partie dus à la migration de physiciens des particules qui apportent leurs techniques de détection pour une observation différente du firmament. C'est un juste retour des choses, puisque, historiquement, la physique des particules est née grâce à l'étude des rayons cosmiques qui tombent aléatoirement du ciel. C'est ainsi qu'on découvrit le positron, antiparticule de l'électron, le muon ainsi que les particules étranges. Les premiers signes d'antimatière et de particules fugaces, qui constituent le pain quotidien de la recherche sur les accélérateurs, proviennent de l'étude du rayonnement céleste. À partir des années 1950, les physiciens se tournèrent vers les dispositifs terrestres capables de produire des particules à volonté. Mais les performances ultimes de ces appareils artificiels s'avèrent nécessairement limitées, et une partie de la communauté recommence à questionner directement les accélérateurs naturels.

> *Vers l'extrémité rouge du spectre, l'altération de couleur se faisait d'autant plus sensible que la distance était plus grande entre nous et ces nébuleuses. Manifestement, elles nous fuyaient, et pour les plus lointains systèmes stellaires placés à 150 millions d'années-lumière leur rapidité correspondait à celle avec laquelle se développaient les particules alpha de substances radioactives et équivalait à 25 000 kilomètres à la seconde, une vélocité qui, par comparaison, ramenait l'éclatement d'un obus à l'allure du colimaçon.*
>
> T. MANN, *Le Docteur Faustus*

Le mot « astroparticule » est né d'une contraction évidente entre astrophysique et particule. Cela résonne comme un paradoxe, puisque l'astrophysique et la physique des particules occupent les deux frontières opposées de la connaissance humaine. Mais ici on peut affirmer que « les extrêmes se touchent ». En effet, l'Univers peut être compris comme une construction très complexe de constituants élémentaires, et à ce titre notre connaissance se fondera sur ce que nous savons des comportements des particules et de leurs interactions. Cette nouvelle discipline est donc l'interface entre l'infiniment grand et l'infiniment petit. Elle constitue le stade actuel ultime de l'examen du ciel, qui fait suite à l'astronomie héritée de l'Antiquité et à l'astrophysique d'invention plus récente.

Tentons quelques définitions.

L'astronomie est et demeure une observation distante et révérencieuse du ciel. Elle s'intéresse aux mouvements des étoiles fixes et autres objets célestes qu'on perçoit grâce à la lumière qu'ils nous envoient. À ce niveau, la physique reste presque médiévale, s'attachant toujours à la révolution apparente des corps célestes autour de la Terre prise comme centre sensible de notre expérience. Ici, l'étoile constitue l'objet élémentaire, et d'ailleurs à ce niveau elle se révèle comme un point sans structure, une tête d'épingle. L'interaction de gravitation est souveraine, elle qui dicte le ballet représenté sur le fond du ciel. C'est l'unique interaction qui anime le grand moteur à l'œuvre dans le mouvement des astres, et seule la masse des corps célestes y est opérante.

Avec l'astrophysique, s'ouvre l'étude de phénomènes plus rares qui révèlent les processus transitoires de la vie des astres. On s'intéresse à une carte du ciel en évolution temporelle puisque les objets observés ont une existence limitée. En effet, ils peuvent naître et mourir. Pour comprendre ces phénomènes, il faut invoquer des mécanismes internes aux objets célestes, ils cessent d'être des points sans structure, et les interactions nucléaires et électromagnétiques deviennent primordiales. Mais, encore ici, les astres sont toujours étudiés dans leur globalité tels des objets insécables, et le témoin unique de leurs agissements demeure la lumière qu'ils émettent lors des diverses phases de leur vie.

L'astroparticule quant à elle cherche à caractériser au scalpel les modes de fonctionnement à l'intérieur ou à proximité des corps analysés. Pour cela elle s'appuie sur la détection de messagers microscopiques de très haute énergie qui témoignent de phénomènes très violents. On ne se limite plus à la seule lumière reçue, on ausculte l'objet céleste sous toutes les coutures possibles, grâce aux protons, photons et autres neutrinos qu'il est capable d'éjecter dans certaines circonstances. Pour comprendre de telles émissions, il est nécessaire de suivre les particules depuis leur création au cours de phénomènes cataclysmiques, puis lors de leur propagation et jusqu'à leur détection finale. À toutes ces étapes, la connaissance des propriétés microscopiques des messagers et de leurs interactions est essentielle.

L'Univers devient un vaste laboratoire de physique nucléaire et des particules. Pour les physiciens, il constitue en fait le plus riche laboratoire ultime qui puisse s'envisager pour étudier les lois de la nature et de ses constituants. Dans les conditions extrêmes d'énergie mais aussi d'échelle de temps ainsi permises, l'Univers permet des tests inimaginables dans les seules expériences envisageables sur Terre puisque jamais les accélérateurs construits par l'homme ne concurrenceront certains mécanismes à l'œuvre dans les étoiles.

La cosmologie n'est pas loin de ces considérations, elle qui traite de l'Univers comme d'un objet élémentaire et tente d'expliquer son destin global en suivant l'histoire de son évolution depuis le moment du Big Bang pour deviner un avenir non encore élucidé. Les découvertes récentes en cosmologie éclairent d'une nouvelle lumière la nature des particules fondamentales. Cette synergie entre le plus grand des objets, l'Univers entier, et les plus petits des composants élémentaires devrait à terme amener à une compréhension ultime de la matière, mais aussi de l'espace et du temps. En effet, ces catégories sont intimement reliées selon la parole très forte d'Einstein qui a dit : « *Auparavant, on croyait que si toutes les choses naturelles disparaissaient de l'Univers, l'espace et le temps subsisteraient. Avec la relativité, espace et temps disparaissent en même temps que la matière.* »

Ainsi, avec cette nouvelle discipline, la recherche s'attaque aux problèmes les plus fondamentaux que propose à notre sagacité le monde qui nous entoure.

L'astroparticule est une science encore récente, on espère d'elle de multiples surprises. Encore faut-il, pour étudier les phénomènes dans les conditions extrêmes offertes par le cosmos à notre curiosité, bénéficier de nouveaux instruments dont on va donner ici un avant-goût. On aura l'occasion de montrer que les terrains d'action de l'astroparticule sont très divers. Alors que les expériences d'accélérateurs semblent répétitives et que les critères d'installation d'un télescope reposent sur des facteurs météorologiques, la recherche en astroparticule s'invite en des sites très divers, parfois exposés en haute montagne, parfois tapis au fond des mers ou dans le secret de mines très profondes. L'originalité des situations géographiques s'expliquera par la variété des thèmes abordés.

> *Et je lançais dans l'espace tous les atomes neufs que je tenais cachés. Pour commencer ils semblèrent se disperser, puis ils se condensèrent comme en un léger nuage, et le nuage grandit, grandit, et en son cœur se formèrent des condensations incandescentes qui roulaient sur elles-mêmes et enfin elles se mirent en spirale, une spirale de constellations jamais vues qui se balançait en s'ouvrant en jet d'eau, et qui s'en allait, elle s'en allait et moi, en courant, je la tenais par la queue.*
>
> I. CALVINO, *Cosmicomics*

CHAPITRE PREMIER

L'Univers lumineux

Lorsque monte l'étoile très brillante qui s'avance
annonçant la lumière de l'aurore matinale.

HOMÈRE, *L'Odyssée*

Le système solaire

Depuis l'Antiquité les hommes ont observé les multiples points lumineux qui fourmillent dans le fond du ciel par une belle nuit sans nuages. L'astronomie, du grec *nomos* signifiant règle, concerne la loi qui gouverne les astres, c'est-à-dire l'étude de leurs positions et de leurs mouvements. Toute la physique médiévale a suivi la révolution des corps célestes autour de la Terre. C'est toujours un spectacle fascinant de contempler le grand dais étoilé, et les réflexions qui s'y attachent élèvent l'homme au-dessus de ses problèmes quotidiens, lui qui observe la répétition année après année des mêmes figures. Une telle constatation incitait naturellement les docteurs du Moyen Âge à soutenir que le temps était une illusion, le véritable état des choses étant un présent immuable.

Le ciel est la vraie frontière de l'expérience humaine. Depuis la nuit des temps, l'homme s'est déplacé sur la surface de la Terre, découvrant des horizons toujours plus lointains et plus inhospitaliers. Il a traversé les océans, il a gravi les montagnes, il a conquis les pôles. Mais le ciel restait hors de portée de l'expérience directe, seulement accessible grâce à un unique messager, la lumière. Aller voir de plus près ce qui se passe dans les profondeurs du firmament n'est pas chose facile ! En effet, comment se délivrer de l'attraction terrestre qui plaque l'homme à la surface du globe comme un papillon épinglé sur une planche d'exposition. Ce n'est que très récemment qu'il réussit à s'en affranchir, de manière extrêmement modeste. Le voyage sur la Lune constitua un saut de puce devant les immensités du cosmos, il ouvre malgré tout les cieux à une exploration plus directe.

Mais il n'est pas nécessaire de quitter la Terre pour accumuler des informations pertinentes concernant le monde qui nous héberge ; il suffit d'observer les signaux qui parviennent jusqu'à nous. Pendant la journée, le ciel semble vide, à l'exception d'une boule de feu, le Soleil. Apparemment rien d'autre ne se montre sur le fond uniformément bleu. Mais on sait que, derrière l'astre éclatant, existe une infinité d'autres objets cachés par le fait même de la resplendissante clarté qui aveugle toute autre perception. Il suffit d'« éteindre » le Soleil lors d'une éclipse totale pour que s'allument derrière lui des étoiles. Rien d'autre de perceptible dans la journée donc, à cause de la lumière éblouissante de notre astre. Il faut attendre la sortie de l'acteur principal, à l'heure de son coucher, pour apercevoir l'entrée progressive de la multitude des autres comparses qui s'exposent sur la scène du firmament. Le Soleil disparaît et le ciel se remplit peu à peu. Tout d'abord apparaît le second grand luminaire, la Lune, puis progressivement une infinité de minuscules points commencent à briller. Certes ils apparaissent beaucoup plus modestes que le Soleil, du moins de notre point de vue, mais on sait aujourd'hui qu'ils n'ont rien à lui envier, et s'ils semblent minuscules, c'est qu'ils sont très éloignés. Une loi d'échelle simple nous enseigne qu'une étoile mille fois plus distante apparaîtra un million de fois moins brillante. En fait le Soleil ne possède rien d'exceptionnel, c'est plutôt une étoile banale, et il y a dans les cieux quantité d'autres objets autrement plus bizarres qu'on aura l'occasion d'inventorier.

Pourquoi le Soleil brille-t-il ? Malgré sa taille impressionnante, une boule de diamètre de 1 200 000 kilomètres et de masse 2 10^{30} kilogrammes, une simple combustion aurait brûlé toute sa matière très rapidement, en quelques milliers d'années seulement, chiffre bien maigre devant les échelles de temps rencontrées dans notre récit universel. Cette durée paraît considérable comparée à celle de l'aventure humaine, mais pour forcer le respect en astrophysique, il faut compter en milliards d'années. On sait aujourd'hui que l'Univers dans son ensemble est âgé de 13,7 milliards d'années et le Soleil lui-même a atteint ses 4,5 milliards d'années.

On connaît aujourd'hui en détail le mode de fonctionnement de notre astre. Son immense énergie repose sur la conversion d'hydrogène en hélium, ou plutôt de protons en noyaux d'hélium, également appelés particules alpha. C'est le processus de fusion nucléaire au cours duquel de l'énergie est produite grâce à la conversion de masse permise par la théorie de la relativité et sa fameuse formule $E = mc^2$. Ainsi le Soleil consomme chaque seconde quatre millions de tonnes d'hydrogène, mais pas de panique, il reste encore suffisamment de carburant pour que le processus fonctionne encore pendant cinq milliards d'années supplémentaires. Sont également produits, au cours de la réaction de fusion, des neutrinos dont il sera question plus tard.

Par rapport au Soleil, la Terre tourne sur une trajectoire presque circulaire de 150 millions de kilomètres de rayon, décrite sur une période de 365 jours, ce qui définit notre année. La Terre tourne par ailleurs sur elle-même au cours d'une journée, ce qui explique, en un point donné de sa surface, la succession des jours et des nuits.

Le Soleil s'était déjà couché, une Lune à peu près pleine s'était levée à l'est... les yeux éblouis et dupés de Hans Castorp étaient allés d'un éclairage et d'un paysage à l'autre, du jour à la nuit et de la nuit au jour.

T. MANN, *La Montagne magique*

La Lune quant à elle tourne autour de la Terre en découvrant à nos yeux une face, toujours la même, dont l'éclairage varie au cours d'un mois environ. Au contraire du Soleil qui produit son énergie et émet sa lumière propre, la Lune est un corps inerte, incapable d'émettre quoi que ce soit sinon quelques particules nées de la radioactivité. Elle ne sait que réfléchir la lumière solaire, ce qu'elle fait d'ailleurs de manière efficace. Suivant sa position relative par rapport à la Terre et au Soleil, elle découvre une suite de phases successives qui ont longtemps troublé les hommes.

Lune et Soleil ont, par pure coïncidence, même diamètre angulaire apparent pour un observateur terrestre. Cela rend possible le phénomène des éclipses totales quand le disque de la Lune recouvre entièrement celui du Soleil. En réalité, la Lune est 500 fois plus proche de nous que le Soleil et son diamètre vrai est 500 fois plus petit, de l'ordre de 3 500 kilomètres. Aujourd'hui, des hommes ont marché sur notre satellite, lui ôtant par là une partie de son mystère. C'est la première étape d'une conquête qui s'annonce de très longue haleine.

Nuit après nuit, le fourmillement de points lumineux se déplace globalement comme une voûte en mouvement de rotation lente. Mais sur cette voûte, certains points semblent plus mobiles, ce sont les planètes. Elles tournent comme la Terre autour du Soleil en un ballet ininterrompu. Elles décrivent des trajectoires elliptiques dont notre astre occupe un foyer. Leurs mouvements sont bien compris depuis Kepler, puisqu'on peut calculer précisément leurs parcours et prédire leurs passages en un point donné pour de nombreuses années à venir.

Très récemment, les astronomes pensaient avoir débusqué une dixième planète, plus grosse que la neuvième, Pluton, de diamètre de 2 500 kilomètres. Cet objet, provisoirement appelé 2003UB313, se trouve aujourd'hui à une distance trois fois plus éloignée que Pluton, à cent fois la distance Terre-Soleil. Mais il n'est que le plus gros d'un ensemble de 80 objets brillants qui forment la ceinture dite de Kuiper au-delà de Neptune, et le problème était de décider si on lui conférait l'honorable statut de planète, l'orbite étant très excentrique et inscrite dans un plan décalé par rapport au plan commun des planètes classiques. Le débat se solda par un changement de définition et Pluton en perdit sa légitimité. On reste avec huit planètes et huit seulement, ce qui d'ailleurs ne change rien dans le ciel.

Nous voyons les planètes grâce à la lumière qu'elles nous envoient, mais comme pour la Lune, c'est une lumière réfléchie dont l'origine provient du seul Soleil. L'étoile du berger, autrement dit Vénus, est la première à s'allumer le soir ; elle est plus visible simplement parce qu'elle nous est plus proche.

Par rapport à l'Univers entier le système composé du Soleil et de ses planètes occupe un espace très réduit, moins de un millième d'année-lumière d'extension. L'année-lumière correspond à la distance parcourue pendant une année par la lumière dont la vitesse atteint 300 000 km/s, elle équivaut à environ 10^{13} kilomètres. Le système solaire atteint donc des dimensions de l'ordre de 10^{10} kilomètres. C'est une distance énorme à notre échelle et pourtant tout à fait infinitésimale devant celles qu'on aura l'occasion d'aborder dans les considérations à venir sur le cosmos.

Les galaxies

La lune n'était pas encore levée, les innombrables étoiles d'or semblaient flotter moelleusement dans la direction de la voie lactée.

I. Tourguéniev, *Récits d'un chasseur*

Notre galaxie est un groupement d'étoiles qui s'agrègent dans l'espace en un ensemble cohérent. On en compte de l'ordre de 50 milliards. Cet amas d'objets lumineux est visible par une sereine nuit d'été, sous forme d'un voile donnant une lumière diffuse qui emplit une tranche de ciel, c'est ce qu'on appelle la Voie lactée. L'étoile qui nous est la plus voisine se situe à environ 3 années-lumière. Notre galaxie dans son ensemble est plate, ce qui définit le plan galactique. Son centre est le siège de phénomènes violents, partiellement élucidés, qui s'interprètent par la présence d'un trou noir massif, représentant quelques millions de masses solaires, et les étoiles tournent autour de ce centre en un mouvement de spirale. Le système solaire occupe une position relativement excentrée au sein de notre galaxie, à une distance d'environ 25 000 années-lumière du milieu. La galaxie tourne sur elle-même en quelque 200 millions d'années, ce qui donne au Soleil, et au système solaire qu'il entraîne dans son sillage, une vitesse de rotation de 250 km/s. Les dimensions galactiques sont évaluées à plusieurs dizaines de milliers d'années-lumière, soit 10^{17} kilomètres. Le système solaire ne représente donc qu'un infime sous-ensemble de la galaxie entière.

Si l'on sonde encore au-delà, notre galaxie appartient à un groupe restreint de quelques galaxies appelé l'amas local qui comporte également les petit et grand nuages de Magellan. Puis, plus loin, se distribuent les autres galaxies en un assemblage assez aléatoire présentant des zones de densité variable. Localement, les galaxies se regroupent en amas, murs et filaments séparés par des espaces vides. Ces structures sont expliquées comme résultat des instabilités gravitationnelles initiales causées par les minuscules fluctuations primordiales de densité qu'on étudie aujourd'hui très précisément au niveau du fond cosmologique. On aura l'occasion d'y revenir. L'Univers aux « petites échelles » s'avère donc loin d'être isotrope, alors que dans son ensemble l'hypothèse d'isotropie est légitime et opérante.

Il existe deux catalogues de galaxies obtenus à la suite de mesures systématiques sondant de plus en plus profondément le ciel. Ces catalogues répertorient toutes les galaxies présentes dans une tranche de ciel, et l'exploration progressive atteint aujourd'hui une profondeur d'environ 1 milliard d'années-lumière, mais le volume étudié est encore faible par rapport aux dimensions de l'Univers car l'étude est limitée à des tranches de un degré d'épaisseur. Plus les galaxies sont lointaines, moins on en reçoit de lumière, et donc plus difficile devient leur observation. L'ampleur de la tâche se mesure par le nombre total de galaxies présentes dans l'Univers total qu'on évalue à environ 100 milliards. La distance entre deux galaxies voisines est en moyenne de quelques millions d'années-lumière, cent à mille fois la taille moyenne d'une galaxie. L'Univers dans son ensemble est presque vide, ce qui justifie les idées d'isotropie et d'homogénéité.

> *Au-delà de ces profondeurs où tu n'aperçois que la nuit, d'autres soleils tourbillonnent, derrière ceux-là d'autres, et encore d'autres, indéfiniment.*
>
> G. FLAUBERT, *La Tentation de saint Antoine*

Récemment, une galaxie a été repérée à une distance de 13 milliards d'années-lumière de la Terre. C'est la plus lointaine jamais observée. En astrophysique, très éloigné dans l'espace signifie très lointain dans le temps, puisque cette galaxie a émis la lumière reçue aujourd'hui, et qui témoigne de son existence, il y a 13 milliards d'années, c'est-à-dire peu de temps (à l'échelle cosmique) après l'instant du Big Bang (puisque l'âge de l'Univers est évalué à 13,7 milliards d'années). Cette galaxie a pu disparaître depuis longtemps sans que nous en soyons informés. Nous suivons la vie de cet objet en différé, continuant à recevoir le message émis il y a 13 milliards d'années. Notons que, du fait de l'expansion de l'Univers, si elle existe encore, cette galaxie se situe à environ 50 milliards d'années-lumière de nous, par la magie de la dilatation des temps que nous enseigne la relativité.

Plus l'objet est lointain, plus le signal reçu est faible. Cela explique la difficulté de sonder directement les grandes profondeurs. Pourtant cette observation est fondamentale car elle permet l'étude de tranches temporelles variables de l'Univers ; on peut ainsi remonter son histoire. Regarder les galaxies dans les images astronomiques très profondes donne une vision de l'Univers tel qu'il était dans son adolescence ou même dans sa prime jeunesse. On arrive aujourd'hui à identifier des populations de galaxies correspondant à une gamme de temps de 9 à 12 milliards d'années, c'est-à-dire quand l'Univers n'avait qu'une fraction de l'âge actuel. Le résultat est surprenant : la population est plus nombreuse que prévu. Le taux de formation de nouvelles étoiles y semble atteindre 10 à 100 par galaxie chaque année, alors qu'il n'est plus que d'une étoile par an dans la Voie lactée. Cela tendrait à indiquer que l'Univers jeune était plus actif qu'aujourd'hui.

Regardant le ciel, certaines zones semblent localement plus lumineuses, on les appelle nébuleuses. Ce terme ne recouvre pas de réalité physique bien marquée sinon une apparence de visibilité plus intense qui peut provenir de domaines emplis de gaz, d'une galaxie, d'un ensemble de galaxies ou d'un reste de supernova comme la nébuleuse du Crabe.

> *Il fixait les étoiles, dont la course circulaire de 2000 ans, déterminée par le destin, et déterminant le destin, allait maintenant bientôt s'incurver, les étoiles dont chacune des orbites obéissait au destin et transmettait elle-même le destin de père en fils dans les générations des temps.*
>
> H. BROCH, *La Mort de Virgile*

Une autre notion pragmatique liée à l'aspect visible du ciel est celle de constellation. Chères à l'astrologie, les constellations désignent un ensemble d'étoiles qui, par leur intensité, se détachent sur le fond lumineux, et dessinent dans le ciel une forme caractéristique immuable. Ce sont des étoiles appartenant à notre galaxie ; elles sont suffisamment proches pour paraître très brillantes. Les Anciens leur ont donné des noms suggestifs : Verseau, Balance, Bélier... Le centre galactique est situé dans la direction de l'une de ces constellations, celle du Sagittaire. Ces constellations, ainsi que le fond du ciel, c'est-à-dire les autres galaxies, occupent des positions qui se répètent aux mêmes endroits relatifs nuit après nuit, mais ces positions tournent au cours du temps. Le spectacle est permanent quoique passablement répétitif. Année après année le même décor se présente, et il n'est pas étonnant que les Anciens, qui regardaient peut-être le ciel plus régulièrement qu'à notre époque moderne et pressée, en aient retiré une image d'éternité.

Une quête très récente de l'astronomie consiste à rechercher des « exoplanètes », c'est-à-dire des planètes existant hors du système solaire. Depuis la première qui fut découverte en 1995 et qui alimenta un grand intérêt dans le public, plus de 140 planètes orbitant autour d'étoiles proches ont été détectées, et leur nombre augmente rapidement. La présence de telles planètes est révélée par l'effet gravitationnel qui ébranle légèrement la position de l'étoile autour du centre de gravité du système composé de l'étoile et de son satellite. Une telle méthode ne peut s'appliquer qu'à des planètes relativement lourdes, mais les techniques actuelles s'affinent graduellement et arrivent à déceler des planètes ayant moins de 20 fois la masse de notre Terre. La détection directe commence également à porter ses fruits puisqu'on vient de découvrir une planète assez lumineuse tournant autour d'une étoile peu visible dont l'éclat n'aveugle pas l'observation, probablement une naine brune. Une telle configuration se trouve à 230 années-lumière. Le signal reçu aujourd'hui fut émis pendant le règne de Louis XVI.

> *Enfin ils se demandèrent s'il y avait des hommes dans les étoiles. Pourquoi pas ? Et comme la création est harmonique, les habitants de Sirius devaient être démesurés, ceux de Mars d'une taille moyenne, ceux de Vénus très petits. À moins que ce ne soit partout la même chose.*
>
> G. FLAUBERT, *Bouvard et Pécuchet*

L'observation de la nuit nous enseigne une autre grande propriété de notre Univers visible : il est fini. Cela constitue le « paradoxe » d'Olbers énoncé dès 1826. Dans un Univers empli d'étoiles dans toutes les directions jusqu'à l'infini, n'importe quelle ligne de visée aboutirait sur la surface de l'une d'entre elles, et le ciel nocturne serait aussi brillant que la surface d'une étoile. L'analogie avec la forêt est immédiate. Dans une forêt de dimension infinie, un observateur aurait la vue bouchée par un tronc d'arbre dans toutes les directions, avec la différence que les « arbres » du cosmos sont mobiles, ils s'éloignent de nous, comme on aura l'occasion de le discuter. Si l'Univers était infini et statique, la nuit ne serait plus obscure ! Or il fait noir durant la nuit.

La vision décrite jusqu'ici est celle immanente, qui se répète inexorablement au cours du temps en des mouvements identiques. Elle relève de l'astronomie. Au-delà de cette description, il existe une autre face de l'Univers : celle des phénomènes transitoires engendrant des signaux éphémères et en général non prédictibles car ils sont uniques. C'est en particulier le domaine de l'astrophysique dont les développements jalonnent l'histoire plus moderne.

L'Univers imprédictible

Abordons la face moins sereine du firmament.

Tout d'abord, il existe dans notre système solaire d'innombrables petits corps en rotation autour du Soleil : les astéroïdes et les comètes.

Les astéroïdes sont des objets rocheux de dimensions très variables. Leur nature est similaire à celle des planètes, mais étant beaucoup moins volumineux et donc moins massifs, leurs orbites sont plus perturbées. En trop grand nombre et trop réduits en taille pour être suivis individuellement, leur inventaire est loin d'être complet, même pour l'échantillon de ceux croisant la trajectoire de la Terre et donc offrant un risque éventuel de collision. Les astéroïdes qui sont sur une telle ligne de collision sont appelés météroïdes. S'ils passent à distance suffisamment proche de notre planète, ils sont attirés par la gravitation terrestre. Ils brûlent par friction à la traversée de l'atmosphère, ce qui permet de les voir : c'est le phénomène des météores ou étoiles filantes. Si le météroïde ne brûle pas complètement sa matière parce qu'il est trop gros, il subsiste une météorite qui frappe la surface terrestre. Certains cratères sur Terre témoignent de tels bombardements.

> *Auprès de ces idées, le souvenir de Mme de Guermantes à l'Opéra était bien peu de chose, une petite étoile à côté de la longue queue de sa comète flamboyante.*
>
> M. Proust, *À la recherche du temps perdu*

Les comètes sont des petits corps de glace et de poussière ayant typiquement 10 kilomètres de longueur. Elles tournent autour du Soleil comme les planètes mais sur des orbites très elliptiques les amenant très proche de l'astre et les catapultant loin dans l'espace. Tycho Brahé étudia celle de 1577. Il démontra que le phénomène d'émission lumineuse qui les rend visibles n'est pas dans leur cas dû à l'atmosphère comme pour les météores. La lumière qu'émet une comète provient d'un halo de gaz et de poussières libéré dans l'espace proche et qui miroite au Soleil. C'est la chaleur solaire qui fait évaporer le noyau de glace constituant le corps quand la comète s'approche de l'astre brûlant.

La comète de Hale-Bopp a défrayé la chronique lors de son passage en 1997. Très visible dès le soir venu, on put la suivre pendant plusieurs semaines à l'œil nu. Le nuage de matière diffusée est appelé chevelure, c'est la partie la plus brillante qui entoure le noyau de la comète. Elle est accompagnée de deux sillons lumineux. L'un d'eux correspond à la queue de poussières de couleur blanchâtre. Toujours à l'opposé du Soleil, cette queue peut précéder la comète si celle-ci s'éloigne de l'astre. Une seconde queue distincte est parfois visible. Elle correspond à des gaz ionisés qui émettent par fluorescence une lumière bleutée. Les queues peuvent atteindre des longueurs de 100 millions de kilomètres.

Le passage d'une comète dans notre voisinage est en général bref, souvent limité à quelques jours, et donne dans le ciel un signal étranger et donc étonnant. Comme les prétendants sont peu nombreux et que leurs passages se succèdent après de nombreuses années d'absence, l'irruption d'une nouvelle comète suscite l'intérêt du profane. Même si nous ne regardons plus régulièrement vers les cieux, l'œil est attiré par ces phénomènes dont les journaux annoncent le passage du moins pour les cas suffisamment spectaculaires. Les comètes représenteraient les plus anciens vestiges de l'époque de la formation du système solaire, remontant à une période d'il y a 4,5 milliards d'années. On ne sait rien de leur structure et, pour mieux les comprendre, on a récemment bombardé l'une d'entre elles pour y creuser un trou afin d'en étudier la constitution interne.

Encore beaucoup plus spectaculaire que les astéroïdes ou les comètes est l'apparition d'une supernova. Supernova signifie en latin nouvelle étoile, ce qui est une dénomination symptomatique puisqu'on sait aujourd'hui que le phénomène signe la mort d'une étoile. Un tel événement n'a plus rien à voir avec le système solaire, heureusement pour notre survie. Il est très rare, et dans notre galaxie, il survient à la fréquence d'environ une fois par siècle. C'est statistiquement très faible, pour nous autres pauvres mortels, mais cela ne concerne que les supernovae décelables à l'œil nu. Les quelques exemples détectés historiquement ont été soigneusement répertoriés. On parle encore de la supernova de l'an 1054 notée par les astronomes chinois ou de celle de 1572 étudiée par Tycho Brahé. Phénomène exceptionnel et spectaculaire, on comprend aujourd'hui dans les grandes lignes les explosions de supernovae qui annoncent la fin cataclysmique d'une étoile. En fait, plusieurs modèles de fonctionnement existent, ce qui amène à plusieurs classes bien distinctes de tels phénomènes. L'évolution d'une supernova nous en dit long sur les mécanismes à l'œuvre, et par exemple celle explosée en 1054 a donné l'objet appelé nébuleuse du Crabe toujours très actif dans le ciel, et dont on aura l'occasion de reparler. On ne peut facilement faire disparaître le cadavre d'une étoile !

Une supernova par siècle, cela semble bien peu, mais le nombre de galaxies étant gigantesque, de l'ordre de 100 milliards, il suffit d'élargir l'horizon pour augmenter les chances d'observation. Bien sûr, pour aller au-delà de notre galaxie, il faut être capable de détecter des signaux d'autant plus faibles qu'ils proviennent de points éloignés. Mais la nature facilite les choses puisque la lumière émise lors d'une explosion est tellement intense qu'elle dépasse celle émise par toute la galaxie hôte. Ainsi une supernova brille pendant plusieurs semaines dans le ciel autant que la galaxie qui l'abrite, et aujourd'hui la chasse aux supernovae est ouverte grâce à des puissants télescopes qui sondent des profondeurs toujours accrues. En examinant un grand nombre de galaxies, on augmente automatiquement la chance de détecter une supernova, et plusieurs exemplaires plus ou moins lointains peuvent être comptabilisés chaque nuit grâce aux nouvelles méthodes de détection. En fait, extrapolant les probabilités connues au nombre de galaxies existant dans l'Univers, on évalue le taux global de telles explosions à environ une supernova chaque seconde. Encore ici, l'apparition dans le ciel semble rare parce que seuls les événements les plus proches nous sont facilement accessibles.

Les supernovae posent un problème d'ordre philosophique. En réfléchissant à la nature du phénomène qu'il observait, Tycho Brahé commença à mettre en doute l'immutabilité du cosmos. Cette hypothèse d'immutabilité, érigée en principe par Aristote et qui constitua la pensée orthodoxe du Moyen Âge, résumait l'idée d'un cosmos inaltérable construit d'un élément particulier, l'éther, très différent des éléments terrestres soumis à la décrépitude. Le cosmos était par ailleurs le domaine de la pure rotation, le mouvement parfait par excellence. Une explosion de supernova donne la preuve que l'Univers n'est pas seulement siège de mouvements répétitifs, il s'y produit aussi des phénomènes uniques qui permettent de définir un passé et un avenir. Cela oblige à doter le temps cosmologique d'un sens d'évolution bien défini allant toujours d'un début à une fin.

Il faut bien l'admettre aujourd'hui, les objets célestes et en particulier les étoiles naissent, vivent et meurent, évidemment sur des échelles de temps sans commune mesure avec les nôtres, puisque cinq milliards d'années représentent pour eux comme cinquante ans pour nous.

Dans le bestiaire des phénomènes violents et transitoires, on aura l'occasion de décrire bien d'autres phénomènes étranges, qu'on appellera blazars, quasars et autres sursauts gamma. Mais nous quittons ici le domaine de la détection strictement visuelle et Tycho Brahé ne pouvait imaginer un ciel aussi tourmenté. Par exemple les quasars, objets incroyablement brillants, émettent autant de lumière que l'ensemble de cent galaxies, malgré un volume équivalent à celui du système solaire. Autre exemple monstrueux, les radiogalaxies qui donnent des jets énormes s'étendant sur des longueurs atteignant les millions d'années-lumière en éjectant des particules chargées animées de vitesses presque égales à celle de la lumière. Et il existe bien d'autres phénomènes dont on cherche encore une explication plausible.

Les photons messagers du cosmos

Et l'étoile luisait comme une meule en flammes
Ou comme un feu de paille
Dans le monde effrayé
Par l'apparition d'une nouvelle étoile

B. PASTERNAK, *Le Docteur Jivago*

L'astronomie a longtemps consisté à repérer les mouvements des objets célestes et à cataloguer leur répartition. L'information permettant de telles études était exclusivement fondée sur la lumière. D'abord détectée à l'œil nu, puis à l'aide d'instruments optiques amplifiant le flux lumineux arrivant sur la rétine, la lumière restait toujours le messager exclusif de l'information. Or ce rayonnement lumineux est émis superficiellement, puisque l'astre, lui-même source de lumière, n'est pas transparent à sa propre émission. Par exemple, on sait que le moteur du Soleil est situé en son centre ; toute l'énergie de notre astre est produite grâce à des réactions de fusion nucléaire qui ont lieu à l'intérieur du cœur, dans la région limitée à 5 % du rayon total. Cette énergie doit se propager sous forme de photons jusqu'à la surface pour être rayonnée dans l'espace. Durant la traversée du corps de l'astre, ces photons se frayent difficilement un chemin et mettent

5 millions d'années en moyenne pour se dégager de la matière de l'émetteur. De ce fait, ils perdent au cours des nombreux rebondissements qu'ils subissent leurs caractéristiques individuelles d'origine, et les photons qui arrivent sur Terre reflètent les caractéristiques de la seule surface de l'astre. Notons que, comme pour les étoiles lointaines, l'image du Soleil que nous recevons sur Terre est celle existant 500 secondes avant la réception de son signal puisque c'est le temps nécessaire pour que se propage la lumière entre la surface du Soleil et nous.

Les autres étoiles répètent le fonctionnement du Soleil. Si elles apparaissent infiniment plus petites, c'est à cause de leur distance. Comme on l'a dit, la plus proche des étoiles se trouve à environ 3 années-lumière de notre Terre. Elle est donc environ 200 000 fois plus éloignée de nous, ce qui explique sa taille apparente qui se révèle comme un point sans dimension. Tandis que le Soleil nous illumine à raison d'environ 10^{21} photons de lumière visible envoyés sur chaque mètre carré du sol terrestre pendant une seconde, cette étoile ne nous en envoie guère plus de 10^{10}, soit 100 milliards de fois moins.

Au-delà des étoiles, nous avons répertorié d'autres objets lumineux dans le ciel : les météores ou étoiles filantes rendues visibles par la lumière produite durant leur combustion à la traversée de l'atmosphère, les comètes dont la queue réfléchit la lumière solaire, les supernovae qui éblouissent de leur gigantesque feu d'artifice pendant quelques semaines un coin du ciel. Dans toutes ces considérations, les messagers du ciel qui parviennent jusqu'à nous demeurent exclusivement les photons visibles. Cela resta vrai jusqu'à l'aube du XXe siècle, tant pour les phénomènes astronomiques qu'astrophysiques. Seule la lumière nous reliait au monde extraterrestre. Seule elle semblait pouvoir franchir les espaces galactiques et extragalactiques pour arriver jusqu'à nous. Cette constatation posait d'ailleurs le problème de la nature de ce rayonnement capable de traverser des distances énormes de vide. On verra que l'un des progrès très récents dans l'observation du ciel provient précisément de l'ouverture de la palette de messagers qu'on est aujourd'hui capable de détecter à l'arrivée sur Terre. Ce sera l'objet de l'astroparticule.

Le nouveau mot d'ordre de l'exploration du firmament est l'observation des corps célestes par toutes les émissions qu'ils sont capables d'engendrer. On vient de dire que la lumière provient de la surface des objets, on cherche aujourd'hui à étendre l'exploration à la structure plus interne en détectant des messagers capables de traverser tout ou partie des sources qui leur donnent naissance. Ce n'est pas sans rappeler la radioscopie obtenue grâce à l'utilisation de rayons X capables de pénétrer assez profondément les tissus et donc de donner une image plus intime du corps humain.

De cette quête nouvelle, on espère une connaissance beaucoup plus profonde des objets étudiés. La confrontation des informations diverses ainsi obtenues, la comparaison d'images différentes et complémentaires, permet d'espérer une compréhension beaucoup plus complète des mécanismes à l'œuvre.

Zadig dirigeait sa route sur les étoiles. La constellation d'Orion et le brillant astre de Sirius le guidaient vers le pole de Canope. Il admirait ces vastes globes de lumière qui ne paraissent que de faibles étincelles à nos yeux, tandis que la terre paraît à notre cupidité quelque chose de si grand et de si noble.

VOLTAIRE, *Zadig*

CHAPITRE 2

Les cartes célestes

Il y représenta la Terre, et le ciel et la mer, le Soleil infatigable et la Lune pleine, et tous les astres qui couronnent le ciel, les Pléiades, les Hyades, sa force Orion, et l'Ourse appelée aussi Chariot, qui tourne sur place et épie Orion.

HOMÈRE, *L'Iliade*

Le résultat pratique de l'observation des cieux aboutit à l'élaboration de cartes. Elles sont multiples et chacune répertorie le bilan obtenu avec un certain messager arrivant sur Terre. Chaque intermédiaire demande pour sa détection un instrument spécifique, et donc il y a autant de cartes que de types de dispositif expérimental utilisé. Bien sûr, l'œil est un détecteur jouant un rôle privilégié, mais les cartes ainsi obtenues se révéleront partielles, quoique la lumière visible permette encore l'obtention des cartes les plus riches.

Jusqu'à très récemment, les cartes du ciel s'inscrivaient en deux dimensions dans l'espace. Seule la mesure de la position sur le fond du ciel pouvait être évaluée, comme si le firmament se limitait à la surface d'une voûte. Depuis peu, les astrophysiciens sont capables de déduire la position en profondeur, « l'altitude » dans le cosmos, et donc on dispose de cartes beaucoup plus explicites s'inscrivant dans l'espace à trois dimensions.

Les étoiles visibles

Depuis longtemps l'homme a dressé des cartes de ce qu'il voyait au-dessus de lui. Dans son ouvrage de 1598, intitulé *Astronomiae instauratae mechanica*, le grand astronome danois Tycho Brahé, dont il a été plusieurs fois question, catalogua plus de mille étoiles. La somme qui résumait ses observations fut envoyée à des collègues et à des princes, quand il rechercha un nouvel employeur. À la suite d'observations obstinées, effectuées nuit après nuit avec un instrument de pointé très précis construit par lui-même et qui constituait un grand progrès pour l'époque, il dressa la carte du ciel la plus complète de son temps à partir de son observatoire Uranienborg construit sur l'île de Hven au Danemark. Ce fut le dernier catalogue avant l'invention du télescope qui répertoriait la position très précise de centaines d'étoiles. Il est sans conteste le recordman des astronomes à l'œil nu. En particulier, il nota très précisément la trajectoire de Mars, ce qui permit à son assistant de l'université de Prague, où finalement il trouva un emploi, de calculer la trajectoire des planètes et de démontrer que l'ellipse reproduisait mieux les mouvements célestes qu'une superposition de cercles, hypothèse qui prévalait jusque-là, le cercle étant le mouvement considéré comme « parfait ». Cet assistant avait pour nom Kepler.

Puis Galilée améliora la lunette. Inventée par des artisans hollandais, le physicien pisan fut le premier à avoir l'idée de pointer l'objet optique vers le ciel et de communiquer ses observations. Le spectacle aussitôt gagna en profondeur. Constituée de deux lentilles, cette prothèse de l'œil permit un agrandissement d'un facteur huit du champ sondé. Le résultat fut remarquable : Galilée put explorer un ciel près de trois fois plus profond puisque le flux de lumière reçue varie comme le carré des distances considérées. Le volume de l'Univers ouvert à l'exploration s'agrandissait tout d'un coup d'un facteur vingt. Le progrès était considérable, bien que, on le sait aujourd'hui, ce volume augmenté restât encore restreint au voisinage immédiat de notre petite Terre. Grâce à ce minuscule saut de puce à l'échelle de l'immensité des espaces cosmiques, Galilée put faire des découvertes majeures. En particulier, il reste fameux pour la première observation des satellites de Jupiter.

Le grand physicien inaugure une nouvelle démarche, consistant à s'aider d'instruments pour explorer le ciel. L'œil seul reste limité à un millier d'étoiles et à une poignée de planètes. Avec la lunette, on élargit l'horizon dans le système solaire et on multiplie les étoiles. Mais, autant que les résultats, la méthode est significative. L'exemple a porté ses fruits, et avec l'avènement de dispositifs de plus en plus performants, une exploration sans cesse plus riche s'est développée. C'est ainsi que nous atteignons aujourd'hui les confins de l'Univers entier.

Comme il a été souligné, toutes ces observations restent dépendantes d'un même messager de l'information, un unique intermédiaire entre les corps célestes et nous : la lumière visible, celle qui en définitive impressionne directement la rétine de l'œil humain. Les appareillages utilisés, lunettes ou télescopes, ne font qu'aider la vision en concentrant la lumière, c'est-à-dire en multipliant le nombre de photons utiles détectés en provenance d'un point précis choisi dans le ciel.

L'astronomie « classique » née dès les premières péripéties de l'histoire humaine est donc fondée sur la détection de la seule lumière visible. Elle s'est développée jusqu'à une période très récente exclusivement grâce à des instruments installés au sol. Les progrès récents sont le fruit d'une révolution qui a consisté à observer l'arrivée de messagers autres que la lumière visible, et cette révolution fut permise en grande partie quoique pas uniquement grâce à l'utilisation de détecteurs spatiaux.

Qu'est-ce que la lumière ?

D'abord j'idolâtrais une équivoque étoile, mais maintenant j'adore un céleste soleil.

W. SHAKESPEARE, *Les Deux Gentilshommes de Vérone*

À ce point de l'exposé, il est bon de clarifier la question de la nature de la lumière. On connaît depuis le XIXe siècle sa structure : c'est une vibration qui se propage dans le vide (puisqu'elle nous vient des confins mêmes de l'Univers) associant un champ électrique et un champ magnétique oscillant simultanément. Le fait que la lumière se propage dans le vide (au contraire du son qui nécessite un milieu permettant une vibration matérielle), toujours à la vitesse de 300 000 km/s, résulte de la non-observation de l'éther, milieu *ad hoc* inventé par les physiciens du XIXe siècle. La nature ondulatoire de la lumière est amplement prouvée par les expériences d'interférences et de diffraction, et la couleur perçue est directement reliée à la fréquence de la vibration, et donc à sa longueur d'onde.

Mais on sait que la lumière peut aussi s'interpréter comme un flux de grains élémentaires appelés photons. C'est sa nature corpusculaire, hypothèse d'abord considérée par Newton, puis remise en avant par Einstein quand il chercha à interpréter l'effet photoélectrique. Une particule se caractérise par une énergie, et il y a une relation directe entre l'énergie d'un photon et la fréquence de l'onde associée ou sa longueur d'onde, c'est-à-dire sa couleur. Ces diverses grandeurs sont des caractéristiques équivalentes, on parle de complémentarité onde-corpuscule, et il est nécessaire de considérer les deux aspects pour comprendre complètement le comportement de la lumière.

Mais « l'onde électromagnétique » ou le « flux de photons » peut exister dans une gamme de fréquences ou d'énergies beaucoup plus vaste que celle correspondant à la simple lumière visible. Cette dernière ne constitue en fait qu'une faible tranche du spectre total, elle ne couvre qu'une fenêtre très étroite. D'autres longueurs d'onde existent, bien connues aujourd'hui. Dans l'ordre décroissant, on rencontre d'abord les ondes radio, puis les micro-ondes, les infrarouges, le visible, les ultraviolets, les rayons X et enfin les rayons γ.

Avec cette compréhension plus complète des ondes électromagnétiques, la mission des astronomes s'est élargie, et il est légitime de demander : Quelles sont les cartes du ciel en ces divers rayonnements ? Obtiendra-t-on les mêmes résultats, c'est-à-dire les mêmes objets visibles en lumière visible brilleront-ils ?

Ici, un élément essentiel à prendre en considération est l'existence d'un voile qui sépare notre point d'observation des objets qu'on cherche à étudier, que ce soient les étoiles ou les galaxies, il s'agit de l'atmosphère. Alors que les espaces intersidéraux sont pratiquement vides de matière, et donc que les photons peuvent s'y propager sans obstacles, les ultimes dizaines de kilomètres que le rayonnement doit traverser pour parvenir jusqu'à Terre interposent l'écran d'un gaz, essentiellement composé d'oxygène et d'azote, c'est l'air que nous respirons. Au niveau de la mer, cela représente une densité volumique d'environ $2\ 10^{22}$ molécules par litre. La colonne d'air au-dessus de nos têtes équivaut à une épaisseur totale de 13 mètres d'eau. Ce n'est pas du tout négligeable, et si nous ne ressentons pas cette présence, c'est parce que nous baignons dedans. Mais pour le rayonnement électromagnétique qui doit la traverser, l'effet de l'atmosphère peut être considérable et il s'avère très variable suivant la longueur d'onde considérée.

Il se trouve que l'atmosphère reste transparente pour la lumière visible : il laisse passer sans pratiquement aucune absorption les longueurs d'onde comprises entre le rouge et le bleu. Ce résultat se comprend par les propriétés atomiques des gaz présents sur le parcours qui n'interagissent pratiquement pas avec la lumière visible. C'est heureux pour l'homme qui, dans le cas contraire, ne distinguerait durant la nuit aucune étoile et même durant le jour la vision du Soleil serait très amoindrie et beaucoup moins précise. Le résultat donnerait une image du ciel globalement moins poétique. Mais les autres composantes du spectre électromagnétique subissent de plein fouet l'effet de l'atmosphère. Par exemple, les rayons X sont très fortement absorbés, pour eux l'atmosphère n'est plus du tout transparente. Au demeurant, cela s'avère heureusement bénéfique pour notre survie et donc l'atmosphère fait ici office de bouclier protecteur, mais cette propriété a pour conséquence qu'un astrophysicien ne détectera jamais sur Terre un astre par son émission dans la gamme des rayons X, ce qui pour l'astronome est une sérieuse limitation.

En fait, l'atmosphère perturbe jusqu'à la propagation de la lumière visible. Ce fait est clairement mis en évidence par le phénomène bien connu du rougeoiement du Soleil au moment du coucher (ou du lever). De simples considérations de géométrie démontrent que la lumière solaire doit traverser, au moment du crépuscule ou de l'aube, une couche d'atmosphère beaucoup plus épaisse qu'au milieu de la journée quand le Soleil est à la verticale au-dessus de nos têtes. Plusieurs centaines de kilomètres s'interposent à l'horizon au lieu des quelques dizaines de kilomètres au zénith. Le Soleil émet dans toutes les couleurs, il apparaît presque blanc en été à midi, quand la lumière traverse une atmosphère d'épaisseur minimale et que l'astre se montre presque sans filtre. Il se trouve que le rayonnement bleu possède la propriété de diffuser davantage que le rouge. La diffusion se distingue de l'absorption dans la mesure où le photon ne disparaît pas mais sa trajectoire est perturbée. Ainsi les rayons rouges sont moins déviés que les bleus et quand l'épaisseur d'atmosphère est importante, ils sont les seuls à traverser l'obstacle en ligne droite du moins avec une bonne probabilité. Notre œil reconstruit alors un Soleil rouge. Corrélativement, le bleu qui diffuse davantage se répand dans toutes les directions et donne la couleur du fond du ciel.

Notre observation directe partielle ne signifie donc nullement que les étoiles et autres objets célestes n'émettent pas d'autres rayonnements que ceux de la lumière visible. Simplement ces derniers s'arrêtent ou s'égarent à la traversée de l'atmosphère, leur énergie se dégrade, et donc leur « couleur » se transmue tandis que leur direction d'origine se perd. Pour mesurer le signal correspondant, il faut se libérer de l'atmosphère et donc embarquer des instruments de détection à bord de vaisseaux spatiaux.

Les autres longueurs d'onde

> *Il serait important de démêler pourquoi, quand on parle d'un nez rouge, on se contente de l'affirmation fort imprécise qu'il est rouge, alors qu'il serait possible de le préciser au millième de millimètre près par le moyen des longueurs d'onde.*
>
> MUSIL, *L'Homme sans qualités*

Le spectre électromagnétique dans son ensemble s'étend donc sur une gamme très étendue, plus de vingt ordres de grandeur séparant les ondes radio des rayons γ. La difficulté expérimentale de la détection résulte du fait que chaque catégorie de rayonnement nécessite une stratégie adaptée d'observation, en particulier l'œil seul ne perçoit que la lumière visible et est aveugle pour tout le reste. Un télescope optique ne fait que concentrer la lumière mais n'élargit pas la gamme des ondes reçues, il ne pourra qu'aider à sonder plus profondément les cieux mais n'ouvrira pas la palette étudiée.

Une gamme de rayonnement est caractérisée par un intervalle de longueurs d'onde ou de fréquences. Nous intéressant ici aux rayonnements les plus durs, nous caractériserons plutôt les quanta de lumière, et plus généralement les messagers électromagnétiques ou autres, par leur énergie. La relation entre énergie et fréquence est donnée par la fameuse formule, $E = h\nu$, h désignant la constante de Planck de valeur $6{,}63\ 10^{-34}$ Js, et ν la fréquence de l'onde évaluée en hertz. La longueur d'onde se mesure en mètres. Plutôt que d'utiliser le joule, l'énergie des particules, photons inclus, s'évalue traditionnellement en électron-volt (eV). Un eV correspond à l'énergie qu'acquiert un électron accéléré dans une différence de potentiel de un volt. En unités conventionnelles, 1 eV correspond à $1{,}6\ 10^{-19}$ J. C'est une quantité infinitésimale quand on la compare aux manifestations macroscopiques de la vie courante. Pour beaucoup de phénomènes étudiés ici, cela reste une unité très petite, et on utilise souvent les multiples de l'eV, le keV (kilo), le MeV (méga), le GeV (giga), le TeV (téra). Au-dessus de cette valeur, les physiciens, encore peu à l'aise avec les échelles supérieures de grandeur, reviennent à l'eV en inscrivant un nombre impressionnant de zéros derrière le signe unité. Certains commencent néanmoins à utiliser les multiples péta (PeV, 10^{15} eV), éxa (EeV, 10^{18} eV) et même zéta (ZeV, 10^{21} eV).

Les grandes longueurs d'onde correspondent aux faibles énergies. Par exemple les ondes radio véhiculent des énergies minuscules. Pour fixer une référence, 1 eV caractérise typiquement l'énergie des photons visibles émis par le Soleil ou une ampoule électrique, et perçus par la rétine.

En gravissant le spectre en énergie des ondes électromagnétiques, nous rencontrons les étapes suivantes :

Les ondes radio, entre 10^{-12} et quelques 10^{-7} eV,

Les micro-ondes ou ondes radar, entre 10^{-7} et quelques 10^{-3} eV,

Les infrarouges, entre 10^{-3} et 1,7 eV,

La lumière visible, entre 1,7 et 3 eV. Dans ce cas, l'énergie se traduit par une autre caractéristique, la couleur. Ainsi, 1,7 eV correspond aux photons à la frontière du rouge, tandis que 3 eV correspond aux photons bleus, plus énergiques donc que les rouges. Le prisme dévie différemment les différentes énergies, ce qui explique la figure bien connue de la dispersion obtenue au moment d'un arc-en-ciel,

Les ultraviolets entre 3 et 100 eV,

Les rayons X entre 100 eV et 100 keV,

Les rayons γ, d'énergies encore supérieures, certaines pouvant atteindre des valeurs dignes de phénomènes macroscopiques. De tels rayons correspondent donc à des longueurs d'onde extrêmement petites. La limite de 100 keV qui sépare des rayons X est conventionnelle. Quant à la limite supérieure, elle n'est dictée que par la rareté des spécimens et dépend des possibilités expérimentales actuelles. On a détecté des γ de plus de 100 TeV émis lors de phénomènes violents à l'œuvre dans le cosmos. Cette valeur dépasse de beaucoup les énergies maximales accomplies depuis peu par les accélérateurs les plus performants construits sur Terre, qui n'arrivent guère à atteindre que le TeV.

Il existe donc plus de 20 ordres de grandeurs entre les énergies extrêmes en jeu. On comprend qu'il faille une palette d'instruments très divers ajustés aux caractéristiques recherchées pour couvrir chaque recoin d'un tel spectre. Les frontières entre les différents domaines sont donc en grande partie fixées par les techniques de détection.

Elles ne sont pas très précisément définies, sauf dans le cas de la plage de lumière visible qui dépend strictement de la sensibilité de la rétine humaine.

L'astronomie multilongueurs d'onde

Il y aura complémentarité des images d'un même objet obtenues à diverses énergies. L'étude de l'émission des sources par la méthode qu'on appelle multilongueurs d'onde offre donc une nouvelle dimension d'exploration. En effet, les objets célestes ne connaissent pas notre classification en catégories conventionnelles de longueurs d'onde et ne savent pas que la sensibilité de notre rétine est très limitée. Ils émettent en général dans une gamme couvrant plusieurs de nos types de rayonnement qu'on peut qualifier d'arbitraires puisqu'ils ne sont définis que par les contraintes conjoncturelles de la sensibilité de nos instruments.

> *... alors les chemins de l'immensité s'abrègent, le génie de l'homme abaisse la hauteur des cieux et les astres descendent pour se faire mesurer.*
>
> CHATEAUBRIAND, *Le Génie du christianisme*

Étudier complètement le rayonnement d'un objet, cela demande donc de détecter des émissions très différentes. Or les diverses longueurs d'onde peuvent provenir de phénomènes produits à des profondeurs plus ou moins grandes à l'intérieur de l'émetteur. Une telle analyse revient en quelque sorte à entreprendre des coupes variées de l'objet étudié.

Par exemple, notre centre galactique apparaît différent en ondes radio, en rayons X ou en rayons γ. Des expériences en ballons ont été les premières à montrer une raie caractéristique à 511 keV en provenance de cette direction. En satellites, l'étude s'est étendue à la région du MeV, au sol, on est capable de détecter le TeV et au-delà. Il est clair que la confrontation de ces différentes images permettra d'avoir une meilleure information sur les mécanismes à l'œuvre. En raboutant entre eux les résultats sur une gamme d'énergie la plus large possible, l'origine des émissions sera plus facile à élucider.

L'approche multilongueurs d'onde, qu'on peut aussi appeler multi-énergies, permet donc des contraintes fortes sur les processus à l'origine des émissions constatées, car l'information obtenue à une seule énergie ne limite pas de manière unique les mécanismes possibles à l'œuvre dans les moteurs des corps célestes. La variété des objets est très grande, et donc le détail des émissions doit être étudié pour se faire une idée de la richesse des scénarios existant. Tous les cas de figure sont possibles, et on a repéré dans la direction du centre galactique des objets émettant des photons de très haute énergie et pourtant ne montrant aucune contrepartie, c'est-à-dire sans émission simultanée correspondant à des énergies plus basses. Il faudra un jour trouver une explication à cet apparent paradoxe.

La difficulté de telles observations complémentaires vient du fait que les techniques à réaliser sont très variées. La radioastronomie utilise des systèmes d'antennes radio. À l'autre extrémité du spectre, les rayons γ de haute énergie demandent l'utilisation de télescopes au sol fondés sur l'imagerie Cerenkov.

Le rayonnement arrivant sur Terre permet une autre information s'il est détecté dans une grande plage d'énergies : les messagers ayant voyagé depuis un point de production établi par ailleurs, ils renseignent sur le milieu traversé. Ici l'analyse multilongueurs d'onde est cruciale car l'absorption lors du voyage sera différente selon la longueur d'onde considérée. Modélisant le spectre d'origine à l'aide de toutes les informations recueillies, la forme des spectres finalement mesurés à l'arrivée donnera de précieuses informations sur les fonds cosmiques qui emplissent l'espace mais aussi et plus particulièrement sur l'intérieur même des objets observés. Le rayonnement est ainsi utilisé pour ausculter le milieu traversé.

Le décalage vers le rouge

Un objet émet en général dans une grande gamme de fréquence et son étude complète demandera des mesures effectuées avec différents instruments. Il y a un autre phénomène à prendre en considération dans cette discussion sur une analyse multilongueurs d'onde : le décalage vers le rouge.

La lumière émise par les astres résulte de processus atomiques ou nucléaires qui naissent dans la matière qui les compose. Chaque élément chimique est caractérisé par des raies d'émission de lumière qui signent les niveaux d'énergie permis, en particulier pour les électrons qui peuvent sauter entre les orbites de l'atome. Ainsi l'hydrogène, lors de processus de désexcitation, produit des raies ayant les longueurs d'onde bien tabulées : 410 nm (violet), 430 nm (bleu), 490 nm (vert), 650 nm (orange)... Les longueurs d'onde correspondantes sont précisément mesurées sur Terre dans des expériences en laboratoire. Les mêmes raies sont produites dans les objets célestes distants. Quand elles sont détectées, elles témoignent de la présence d'hydrogène. Mais elles ne nous parviennent pas nécessairement avec les mêmes caractéristiques sur Terre.

On a vu que la propagation dans l'espace pouvait résulter en une variation relative des flux à cause de l'absorption différentielle qui dépend de la longueur d'onde. C'est surtout vrai à la traversée de l'atmosphère. Un autre effet va changer la « couleur » des objets célestes et celui-ci est relié à la dynamique de l'Univers. En effet, la lumière arrivant jusqu'à nous change de longueur d'onde du fait du mouvement relatif de l'objet émetteur par rapport à nous. C'est l'effet Doppler rencontré déjà au niveau des ondes sonores. Une ambulance roulant sur le boulevard en faisant hurler sa sirène semble émettre un son différent selon que l'ambulance se rapproche ou au contraire s'éloigne du passant sur le trottoir. C'est bien compris puisque les ondes sonores sont des vibrations de pression de l'air, chaque son étant caractérisé par une fréquence. Le « la » correspond à 440 vibrations par seconde. Quand l'ambulance se rapproche, les vibrations « poussées » vers nous semblent plus tassées, la fréquence est augmentée, la hauteur du son plus élevée. Au contraire quand l'ambulance s'éloigne, les vibrations sont étirées et le son paraît plus grave.

Le phénomène existe aussi dans le domaine des ondes lumineuses. Un astre qui s'éloigne de nous va envoyer sur Terre des fréquences apparemment plus basses, c'est-à-dire des couleurs décalées vers le rouge (si l'émission d'origine appartient au spectre visible). Ainsi la raie de l'hydrogène produite à 410 nm au niveau de l'étoile émettrice, arrive à nous avec une longueur d'onde de 430 nm si l'étoile s'éloigne de nous à la vitesse de 15 000 km/s. La longueur d'onde apparente devient 510 nm si la vitesse de l'étoile atteint 75 000 km/s.

Or quelle ne fut pas la surprise de l'astronome Hubble quand il remarqua que les raies émises par les objets lointains étaient d'autant plus décalées vers le rouge par rapport à leurs valeurs de laboratoire qu'elles étaient plus éloignées. Cela s'interprète en disant que les corps célestes nous fuient d'autant plus rapidement qu'ils sont loin de nous. Cette observation est en accord avec l'idée d'expansion de l'Univers. Le décalage vers le rouge est en fait la pierre angulaire de ce paradigme d'expansion à partir du Big Bang, aujourd'hui confirmé par un faisceau de données observationnelles, qu'il s'agisse du spectre du fond cosmologique ou de la nucléosynthèse primordiale, c'est-à-dire l'abondance des éléments légers.

Pour un élément chimique donné, mesurer le décalage vers le rouge permet donc d'évaluer la vitesse de fuite de l'émetteur et donc grâce à une règle de trois (en première approximation) sa distance par rapport à nous. Grâce à cette information, il est possible de dresser des cartes du ciel, non seulement en deux dimensions, c'est-à-dire en fixant les positions des astres sur la voûte céleste, mais en trois dimensions en repérant leur profondeur, et en conséquence de positionner complètement l'objet dans l'espace offert dans l'Univers.

Ce phénomène d'expansion permet d'accrocher l'histoire du monde à l'instant initial du Big Bang, quand l'Univers entier se présentait sous forme d'une soupe de constituants élémentaires très dense et très chaude emplissant un volume réduit. L'idée d'Univers en évolution temporelle et donc non statique est incluse dans les équations d'Einstein de la relativité générale. Dans un premier temps, elle surprit le grand physicien, et il fallut la confirmation expérimentale de Hubble pour que l'idée soit acceptée.

On discutera davantage ce modèle de Big Bang, et on esquissera plus loin les développements récents qui indiquent la nécessité d'inclure dans le bilan de l'Univers présent des composantes de matière et d'énergie tout à fait nouvelles et qui n'appartiennent plus au domaine bien étudié de notre matière ordinaire.

L'observation multimessagers

Et quand ils virent l'étoile s'arrêter, ils conçurent une très grande joie.

SAINT MATTHIEU, *Évangile*

On comprend l'intérêt d'étudier un objet sous toutes les coutures offertes par la large gamme des ondes électromagnétiques et de grands progrès sont à mettre au crédit de cette démarche. Pourtant les photons ne sont pas les seuls messagers envisageables qui nous sont envoyés par les corps célestes. L'astroparticule désigne précisément la nouvelle astronomie qui ouvre encore davantage la fenêtre d'exploration de l'Univers en développant des outils permettant de prendre des photographies totalement différentes des cieux.

C'est un peu le problème rencontré dans l'analyse de la personnalité d'un homme public connu par ses interventions à la télévision. Les téléspectateurs s'en font une image contrainte par les nécessités de l'exercice, les membres de sa famille en auront une perception différente, et son concierge une autre encore. Pour avoir la meilleure définition de la personne, il faut confronter les différents points de vue pour en faire une synthèse. Il n'y a pas de grand homme aux yeux de sa femme de chambre, dit-on ! Dans le cas d'un objet céleste, on utilise aussi des témoignages différents de son activité, mais ici aucune notion de jugement n'entre en ligne de compte, toutes les informations sont également pertinentes et également recevables pour obtenir l'information la plus complète.

Ainsi, l'astrophysique reste globalement limitée aux messagers de même nature que la lumière visible, c'est-à-dire infrarouges, ultraviolets, rayons X proches ou lointains. On demeure dans le cadre des ondes qui testent les phénomènes électromagnétiques à l'œuvre dans les objets célestes, et qui proviennent en première analyse de phénomènes atomiques prenant naissance dans la matière superficielle des astres. La détection reste fondée sur des instruments plus ou moins proches de l'optique. Comme on l'a vu, cette branche de la physique a commencé par l'observation directe de la lumière par la rétine de l'œil, avec ou sans l'aide de lunette, elle s'est poursuivie par l'utilisation de plaques photographiques, aujourd'hui remplacées par des caméras beaucoup plus rapides de type CCD.

Pour ce type d'études le choix du capteur utilisé joue un rôle primordial dans la qualité de l'image obtenue. Tout d'abord, il sera plus ou moins efficace selon qu'il détectera une plus ou moins grande portion de la lumière reçue. Cette efficacité, définie par le rapport entre le nombre de photons détectés et celui de photons reçus, dépendra des longueurs d'onde étudiées. Une autre qualité des capteurs consiste en sa résolution, c'est-à-dire la finesse avec laquelle il donnera l'image d'une étoile ponctuelle.

Ainsi, l'émission galactique en rayons X donnait jusqu'à encore récemment une image diffuse car les instruments ne restituaient pas précisément les directions d'arrivée à cause de problèmes de reconstruction au niveau de l'appareillage. Aujourd'hui, grâce à la précision améliorée des visées, tout le flux observé en rayon X s'explique par des sources ponctuelles identifiées, le ciel est devenu beaucoup plus ordonné. Ces considérations d'efficacité et de résolution s'appliqueront à tous les détecteurs et on aura l'occasion d'y revenir à divers propos.

Quels sont donc, au-delà des ondes électromagnétiques, les autres messagers potentiels qui sillonnent les espaces intersidéraux et envoient des signaux originaux à partir des objets éparpillés dans le ciel ? L'astroparticule en ouvre largement la palette. Tout d'abord on recherchera les photons d'énergies très élevées. Dans ce cas, il s'agit toujours de sonde électromagnétique, mais dont la source est à chercher au-delà des phénomènes atomiques. À très haute énergie, la dualité onde-corpuscule se simplifie en une approche purement corpusculaire du photon. Les observations sortent alors du domaine de l'optique tel qu'on l'entend habituellement. L'origine de ces photons relève de la physique des particules et non plus d'excitations moléculaires ou atomiques ou même nucléaires qui expliquent l'émission des ondes électromagnétiques jusqu'aux rayons X inclus.

Mais au-delà des photons, on sait mettre en œuvre des techniques très spéciales permettant la détection de protons ou de noyaux atomiques. On pourra donc espérer photographier (terme impropre puisqu'il ne s'agit plus de capter des photons !) le ciel protonique ou le ciel nucléonique. Autres particules et autres messagers potentiels, les électrons et les positrons et finalement les neutrinos. Ce sera l'objet de ce livre de passer en revue les observations déjà obtenues ou prochainement envisagées avec ces différents messagers, d'en expliquer les modes de détection et de montrer où en sont nos connaissances des sources potentielles émettant de tels objets. On verra que les cartes correspondantes sont encore très fragmentaires, ce qui souligne bien la jeunesse de cette recherche.

Pour donner une première idée de la richesse du domaine, signalons le fait que les accélérateurs célestes qui produisent les rayons cosmiques nous bombardent de particules dont l'énergie record est évaluée à plus de 10^{20} eV. Cela correspond à un saut de sept ordres de grandeur par rapport aux accélérateurs les plus puissants construits à ce jour par l'homme. Une telle énergie représente une valeur digne d'un objet macroscopique, une balle de tennis lors d'un match de bonne tenue, par exemple, mais cette remarquable énergie se concentre dans un objet infinitésimal. Le comment de l'obtention de tels concentrés d'énergie reste une énigme. Les mécanismes de production de pareils monstres sont très spécifiques et leur propagation sur des distances immenses nous donnera des renseignements inédits sur les espaces franchis.

Bien qu'issue de la physique des rayons cosmiques, cette science astroparticulaire est encore jeune. Elle s'avère toujours peu balisée théoriquement, elle garde toute l'exubérance des disciplines naissantes. Les premières observations existent, et des modèles tentent d'ores et déjà d'expliquer les caractéristiques entrevues, mais il reste encore de nombreuses incertitudes et quelques controverses, et on est toujours loin d'une théorie d'ensemble expliquant les résultats à disposition.

Grâce à l'émergence de dispositifs expérimentaux très ambitieux, l'étude du ciel aux énergies extrêmes commence donc à prendre une nouvelle assurance. À l'heure actuelle, les données à hautes énergies ont accumulé fort peu de sources. Mais les années à venir vont les multiplier. De précieux renseignements sur les phénomènes les plus violents en jeu dans l'Univers seront bientôt disponibles. On espère ainsi contraindre les modèles actuels encore très incertains, et aboutir à une vision renouvelée du monde dans lequel nous vivons.

Terminons ce chapitre consacré aux cartes du ciel par quelques exemples de résultats pré-astroparticulaires.

Tout d'abord la carte du ciel que nous connaissons tous est celle qui apparaît à nos yeux en lumière visible. Par une belle nuit, nous discernons au mieux quelques milliers de points : ce sont des étoiles de notre propre galaxie. Des cartes plus complètes sont obtenues avec de puissants télescopes. Les points plus distants qu'elles répertorient sont des galaxies non résolues. Il est d'usage de représenter les cartes en coordonnées galactiques. La ligne horizontale représente le plan de notre galaxie avec son centre au milieu de la figure. À partir de la direction de visée du centre galactique, on ordonne les objets au-dessus ou au-dessous de cette ligne, c'est-à-dire vers le nord ou le sud. Tous les points figurant en dehors de l'horizontale correspondent à des objets extragalactiques.

Quand on s'éloigne de la lumière visible, on obtient des cartes différentes. On a ainsi obtenu celle qui représente, dans le même système de coordonnées, le fond cosmologique. On peut la trouver sur le site Internet de l'expérience WMAP qui en a donné les mesures les plus récentes (map.gsfc.nasa.gov). Il s'agit du rayonnement de photons de longueurs d'onde millimétriques qui se sont découplés du reste des particules quand l'Univers avait le tout jeune âge de 370 000 ans. C'est donc une photo

« archéologique » de l'Univers tel qu'il se présentait relativement peu de temps après le Big Bang. La carte est très différente de la première, on n'y voit pas d'objets ponctuels, mais on y distingue des plages d'environ un degré d'extension qui correspondent à des grumeaux de densité où se condensera la matière pour former les galaxies au cours de l'évolution à venir.

Il existe des cartes en ondes radio (www.aoc.nrao.edu) aussi bien qu'en rayons infrarouges (www.astro.ucla.edu) et en rayons X (chandra.harvard.edu/photo/map). Ce sont toutes des visions différentes du même ciel.

On voit donc la diversité des cartes obtenues suivant la gamme des photons considérés. La richesse de l'Univers ne va pas s'arrêter en si bon chemin. Au contraire, elle va s'accroître avec l'étude des nouveaux messagers qui sont l'apanage de l'astroparticule.

CHAPITRE 3

Astroparticules ou astroparticule ?

Les photons ne représentent qu'une classe très limitée d'objets élémentaires dans la famille maintenant précisément connue des représentants de l'infiniment petit, et la différence entre photons infrarouges et rayons γ ne repose que sur une variation d'énergie. Il existe beaucoup d'autres constituants fondamentaux dans notre monde, et avant de continuer à regarder vers les cieux, passons en revue ce que nous savons concernant ce monde subatomique qui s'est révélé en sondant de plus en plus profondément la matière. Ce contact entre les deux extrêmes de la connaissance n'est pas fortuit puisque de plus en plus il faut invoquer la physique des particules pour comprendre les phénomènes astrophysiques ou cosmologiques. Thomas Mann annonce en quelque sorte le rapprochement quand il écrit dans *La Montagne magique* : « L'atome était un système cosmique chargé d'énergie, au sein duquel des corps gravitaient en une rotation frénétique autour d'un centre semblable au soleil, et dont les comètes parcouraient l'aire à des vitesses mesurées en années-lumière, maintenues dans leurs orbites excentriques par le pouvoir du corps central. »

Entre parenthèses, on peut objecter à l'utilisation de l'année-lumière comme unité de vitesse.

Les particules élémentaires

Au cours du XXe siècle, qui s'avéra particulièrement fructueux pour le progrès des connaissances, le monde des particules s'est beaucoup enrichi. À l'aube du siècle, l'exploration de la structure intime de la matière débute par une étude directe dans le laboratoire des éléments naturellement instables appelés radioactifs. Elle migre ensuite vers les rayonnements cosmiques provenant du ciel, pour revenir au laboratoire quand les accélérateurs entrent en action dans les années 1950. Au fur et à mesure de ces avancées, le sondage de la matière a révélé une foule d'acteurs aux propriétés très variées. La connaissance dans ce domaine est aujourd'hui bien avancée et on peut la considérer, en un certain sens, comme presque aboutie car elle a atteint un stade de cohérence qui ressemble à un palier peut-être prélude à un long désert. Tout progrès éventuel futur fera dépasser le cadre bien établi qu'on connaît aujourd'hui.

Commençons donc notre voyage à travers l'infiniment petit.

La première étape dans l'exploration de la matière se situe au niveau de l'atome. Une centaine de types différents suffisent pour former tous les éléments connus, du plus léger, l'hydrogène, aux plus lourds comme l'uranium. Du grec indivisible, l'atome constitua à la fin du XIXe siècle la plus petite partie de matière concevable, et l'ensemble des atomes répertoriés dans la table de Mendeleïev donnait déjà une vision cohérente de la structure de la matière. On expliquait ainsi la diversité des combinaisons chimiques.

Mais l'histoire de la composition de la matière ne devait pas s'arrêter à ce stade, et l'atome révéla une structure planétaire avec des électrons légers orbitant autour d'un noyau lourd. Historiquement, les électrons, définitivement identifiés par J. J. Thomson en 1897, constituent la première brique élémentaire clairement caractérisée. Millikan, un expérimentateur de première force, mesura sa charge électrique. Il trouva que les grains d'électricité extraits d'un morceau de matière portaient tous une quantité électrique multiple d'une charge élémentaire unique, celle attribuée à l'électron qui vaut $1{,}6\ 10^{-19}$ coulombs. Cette valeur est conventionnellement choisie négative et appelée –e. L'électron est lié à l'atome par sa charge, il tourne autour du noyau sous l'effet de l'interaction électromagnétique comme les planètes autour du Soleil sous l'effet de la force de gravitation.

L'électron se libère assez facilement de la matière. On l'en arrache grâce à des tensions électriques suffisantes, c'est par exemple l'origine des faisceaux dans un tube de télévision. Si la matière contient des charges négatives, elle doit aussi contenir des charges de signe opposé, puisque, dans les conditions habituelles, elle est globalement neutre. Ces charges électriques positives sont l'apanage d'un nouveau type de particules : les protons portant la charge électrique élémentaire positive exactement opposée à celle de l'électron : +e. Dans un atome à l'état normal, il y a autant de protons que d'électrons, mais si les électrons sont peu attachés à l'atome et s'en extraient facilement, les protons sont fortement liés à l'intérieur du noyau. Typiquement, la taille d'un atome atteint 10^{-10} mètre tandis que celle de son noyau est limitée à 10^{-15} mètre. Le rapport entre l'atome et son noyau est assez similaire à celui existant entre l'ensemble du système solaire et le Soleil. Globalement, la matière, au même titre que l'Univers, est essentiellement vide. La masse du proton est 2 000 fois plus élevée que celle de l'électron, ainsi le noyau porte presque toute la masse de l'atome et donc de la matière finale.

Cette agrégation de protons à l'intérieur du noyau pose le problème de la stabilité d'une telle construction. En effet, les protons de charge électrique identique doivent se repousser très fortement puisqu'ils sont très proches les uns des autres, séparés par des distances inférieures à 10^{-15} mètre. Or le noyau est stable, dans la mesure où l'élément considéré n'est pas radioactif, ce qui est vérifié pour tous les éléments dits naturels qui constituent la très grande majorité de la matière locale. Il faut donc introduire une nouvelle force attractive pour compenser la force répulsive électrique : on l'appelle force nucléaire. En fait, la stabilité du noyau demande l'introduction d'un nouveau type de particules : les neutrons, de propriétés similaires à celles du proton mais sans charge électrique. Le neutron n'est pas soumis à la force électrique mais il participe à la cohésion du noyau par la force nucléaire toujours attractive. Protons et neutrons sont globalement appelés nucléons, c'est-à-dire parties du noyau.

Au-delà de ces premiers objets qu'on vient de nommer, les électrons d'une part, les nucléons d'autre part, des centaines d'autres représentants des particules élémentaires furent identifiés les uns après les autres dans les expériences montées auprès des accélérateurs. Ils exhibent des propriétés souvent exotiques. Leur grand nombre pose le problème de leur « élémentarité. » La nature serait bien fantasque si elle se fondait sur une foule disparate de briques élémentaires, d'autant que fort peu entrent dans la composition de la matière ordinaire. Cela irait à l'encontre de la pensée des physiciens qui recherchent toujours une certaine simplicité dans l'ordre du monde.

Les électrons sont élémentaires, cela signifie sans structure. À l'échelle de l'exploration actuelle permise par les accélérateurs existants, ils se présentent comme des points sans dimension. L'échelle atteinte aujourd'hui est 10^{-18} mètre. Cela signifie que la taille de l'électron est inférieure à cette valeur sans qu'on puisse en dire davantage. Au contraire, protons et neutrons ne sont pas élémentaires. Dès les années 1970, les expériences utilisant des sondes de haute énergie (essentiellement des électrons) ont révélé la structure interne des nucléons. Ceux-ci ne sont donc pas élémentaires mais au contraire il existe une structure interne montrant des points durs, ces objets sont appelés quarks.

Les progrès accomplis dans la recherche de la structure intime de la matière se résument donc en une série d'étapes franchissant des strates de dimensions de plus en plus fines : l'atome à l'échelle de 10^{-10} mètre, puis les protons et neutrons à 10^{-15} mètre, et finalement le niveau actuel de 10^{-18} mètre atteint avec l'identification des quarks ainsi que des électrons.

Les constituants élémentaires

Three quarks for Muster Mark
Sure he hasn't got much of a bark
And sure any he has it's all beside the mark.

JOYCE, *Finnegans Wake*

Le nom de quark prend son origine dans l'épopée irlandaise intitulée Finnegans Wake, pleine de jeux de mots et de vapeurs de Guinness écrite par James Joyce. Il en fut extrait par le physicien Murray Gell-Mann, car dans le modèle inventé à l'époque il suffisait de trois quarks pour construire toute la matière alors connue. Quark en allemand désigne une sorte de fromage blanc et les quarks habitent les nucléons comme les grumeaux dans un pot de yaourt.

Notons que le souvenir des quarks a disparu dans la version française de l'œuvre de Joyce, puisque le traducteur (P. Lavergne, NRF) écrit : « Trois quarts à la pie pour Maître Marc ! Sûr que sa barque ne vaut pas grand-chose. »

Il existe deux niveaux d'« élémentarité » parmi les briques construisant la matière. On appellera particules élémentaires les objets les plus petits qui peuvent être individualisés, ceux dont on peut fabriquer des faisceaux et qu'on sait manipuler un par un. Nous en avons déjà identifié trois types : électrons, protons et neutrons. Ce sont les particules qu'on pourra espérer recueillir dans l'observation du ciel.

Les quarks formant les nucléons n'appartiennent pas à cet ensemble. Pourtant ils sont à la base de la construction de la matière, à un niveau plus fondamental que les protons et neutrons. Ils possèdent des propriétés aujourd'hui bien comprises. En particulier, ils se dotent de charges électriques qui ne sont plus multiples de celle de l'électron mais au contraire fractionnaires. Ce résultat ôterait à l'électron le privilège de la charge élémentaire la plus petite, mais les quarks possèdent une curieuse propriété, ils ne peuvent exister librement. On ne peut les individualiser au laboratoire, et donc e reste la plus petite charge directement identifiable. Les quarks sont des constituants élémentaires, ce ne sont plus des particules dans le sens où on ne peut en détecter un directement. Les quarks ne pourront pas nous parvenir isolés d'une étoile.

Pour rendre compte des protons et des neutrons, il faut invoquer l'existence de deux types différents de quarks appelés u et d. Le quark u porte la charge + 2/3e et d la charge – 1/3e. Ainsi deux quarks u et un d s'assemblent pour former un objet de charge + 1, c'est le proton. Quant au neutron, il se compose de un u et deux d, ce qui restitue bien la charge totale 0. Les quarks ne peuvent être extraits des particules qu'ils composent, ce qui s'explique par des raisons théoriques très fortes. On imagine qu'ils existaient librement au moment du Big Bang, quand les conditions d'énergie étaient infiniment supérieures à celles prévalant aujourd'hui. Dans notre monde ils ne peuvent donc se libérer, ils n'existent que confinés dans les particules physiques. Ainsi, on n'a jamais mesuré une charge inférieure à 1,6 10^{-19} C. Néanmoins, on sait reconnaître les quarks produits dans les réactions très énergiques entre particules. On les identifie par les « jets » de particules sous l'aspect desquels ils se « matérialisent ». En effet, on peut suivre leur parcours sous forme d'un ensemble de particules émises proches les unes des autres en une sorte de bouquet. Les quarks ont donc une réalité physique, ce ne sont pas de simples concepts mathématiques, et leur hypothèse a donné une cohérence forte à l'ensemble des processus qui naissent entre particules.

Bien qu'on ne sache pas individualiser les quarks, on sait remonter à leurs caractéristiques. On peut en particulier mesurer leur taille et on trouve qu'ils se caractérisent, comme l'électron, par une dimension inférieure à 10^{-18} mètre. Cela justifie leur appellation de constituants élémentaires.

On a introduit deux types de quarks, u et d. D'autres types existent, six au total, ce qui permet de reconstituer l'ensemble des particules élémentaires révélées au cours des recherches des cinquante dernières années.

À côté de cette famille riche de six quarks, la famille à laquelle appartient l'électron s'est également agrandie par la découverte de deux autres particules chargées électriquement à l'égal de l'électron, appelées le muon et le tau, et de trois représentants sans charge électrique, qu'on nomme les neutrinos. À eux six, ils constituent la famille des leptons, terme dérivé du grec léger.

Ainsi, l'ensemble de tous les constituants de la matière se résume en douze éléments qu'on dispose assemblés en trois familles pour des raisons de cohérence théorique :

u	c	t
d	s	b
e	μ	τ
ν_e	ν_μ	ν_τ

En résumé, il existe au total six quarks : trois portant la charge + 2/3e, u c et t, et trois portant la charge – 1/3e, d s et b, et six leptons dont trois portent la charge électrique négative –e, comme l'électron, et trois n'ont aucune charge. Des trois familles indiquées, seule la première est nécessaire et suffisante pour construire toute la matière ordinaire. Le rôle des deux autres familles n'est pas entièrement clarifié, même si trois familles semblent nécessaires pour comprendre certaines asymétries expliquant la prévalence de matière sur l'antimatière dans notre environnement.

Tandis que les leptons sont des particules individualisables, les quarks représentent des entités existant seulement sous forme de combinaisons. Tous ces constituants ne révèlent aucune structure interne à l'échelle de 10^{-18} mètre. Cette valeur fixe la frontière actuelle de l'infiniment petit, frontière entièrement dictée par l'énergie atteinte à ce jour par les accélérateurs les plus puissants. Peut-être dans le futur sera-t-on capable de découvrir une structure encore plus fondamentale à l'intérieur de ces constituants, comme on distingue aujourd'hui une structure aux galaxies très lointaines qui apparaissaient comme des points sans dimensions dans le ciel quand les télescopes n'existaient pas. On parle déjà de préons pour indiquer les objets hypothétiques qui seraient à la base de la constitution tout autant des quarks que des leptons. Ils refléteraient le prochain niveau de la structure fondamentale de la matière. Ces considérations restent de pures spéculations.

Remarquons que les physiciens du début du XXe siècle avaient une culture classique forte, donnant aux particules les appellations venant du grec telles que leptons, baryons (du grec « lourd »), mésons (du grec « intermédiaire »). À la fin du siècle, les scientifiques ont des références plus prosaïques, puisque les quarks prennent leurs noms de : haut (*up*) et bas (*down*), étrange (*strange*), charmé, beau aussi désigné par *bottom*, vrai (*truth*) aussi appelé *top*.

La liste des constituants paraît donc suffisamment concise, dans l'esprit de la simplicité chère aux physiciens. Pourtant, il faut ajouter une liste parallèle, celle des antiparticules. Chaque particule s'accompagne en effet d'un partenaire ayant des propriétés similaires mais des charges opposées. Ainsi le positron est associé à l'électron, sa masse est identique, mais il porte la charge électrique positive +e. Il fut découvert parmi les rayons cosmiques dès 1932.

Grâce aux accélérateurs, on sait facilement produire les compagnons *anti* de toutes les particules connues. L'antiproton, de charge négative, a ainsi été découvert dès 1955, il est composé de deux quarks anti-u et un quark anti-d, ce qui restitue bien la charge totale –e. Le neutron de charge nulle a également son antiparticule bien que sa charge globale soit nulle. L'antineutron est un objet différent du neutron puisqu'il est formé d'un quark anti-u et de deux anti-d. En fait, pour reproduire les propriétés des particules et comprendre les antiparticules, il faut introduire des charges généralisées qui dépassent la seule charge électrique. Dans le cas du neutron et de l'antineutron on parlera de charges baryoniques opposées. Même les neutrinos, pourtant de charge électrique nulle, possèdent leurs antiparticules, car dans ce cas il faut invoquer des charges dites leptoniques, chaque type de neutrino étant caractérisé par une charge leptonique propre.

Puisqu'il existe des antiparticules, où se trouve l'antimatière ? C'est une bonne question, dont on n'a pas encore la réponse absolue.

Si, dans l'Univers présent, les antiparticules n'ont que des existences très fugaces, cela vient du fait qu'une antiparticule, qu'on sait facilement produire aux accélérateurs, inéluctablement rencontrera sur son chemin la particule correspondante avec laquelle elle s'annihilera pour disparaître en produisant de la pure énergie, c'est-à-dire des photons. C'est une confirmation supplémentaire de la loi de la relativité $E = mc^2$, qui permet la création d'énergie par disparition de masses. Mais si cet aspect des choses est bien compris, il reste un grand problème non résolu de la physique actuelle, celui de comprendre pourquoi et comment, d'un Univers initialement symétrique entre particules et antiparticules, c'est du moins le dogme actuel, l'évolution a fait disparaître presque complètement les antiparticules. Des pistes d'explication existent, on imagine des transitions telles que le passage de particule à antiparticule, et celui inverse d'antiparticule à particule ne sont pas exactement équiprobables, mais l'énigme demeure.

Particules et antiparticules de matière sont aujourd'hui bien étudiées. Au niveau des quarks et des leptons, des antiquarks et des antileptons, les caractéristiques sont connues avec grande précision dans la plupart des cas. Toutefois, elles n'épuisent pas la liste des objets élémentaires. Pour être complet il faut ajouter les particules dites de champ, celles responsables des interactions.

Les particules de champ

À l'image de deux patineurs progressant sur la glace qui subissent un changement de direction de leur trajectoire quand ils s'échangent une balle, ce qui dénote l'action d'une force se transmettant entre eux, les particules en interaction s'échangent un quantum de la force mise en jeu. Or on connaît actuellement quatre types de forces agissant entre constituants élémentaires, on va donc introduire quatre types d'échanges avec quatre types correspondant de quanta.

Il existe une différence de fond entre les constituants de matière, c'est-à-dire les quarks et leptons déjà décrits, et les particules de champ : les premiers sont tous caractérisés par un moment angulaire intrinsèque (spin) demi-entier, et de ce fait obéissent à la statistique dite de Fermi-Dirac, on les appelle des fermions. En revanche, les secondes possèdent des spins entiers et suivent une statistique dite de Bose-Einstein, on les qualifie de bosons. Fermions et bosons se comportent très différemment quand ils sont en assemblée, les fermions se distribuant parmi toutes les situations permises à partir de l'état de moindre énergie, les bosons au contraire s'effondrant tous dans une position unique d'énergie minimale. Les fermions aiment l'ordre, tandis que les bosons préfèrent la promiscuité. Une nouvelle théorie, née dans les années 1970, qui sera évoquée plus loin, la supersymétrie, tente de rapprocher ces deux classes d'objets en une description unique, au prix de l'invention d'une pléthore de nouvelles particules puisque chaque particule existant se double d'un nouveau partenaire qui demeure encore très hypothétique.

Les quatre interactions fondamentales connues à ce jour sont l'électromagnétique et la nucléaire déjà introduites, mais également l'interaction faible et celle de gravitation. Voyons maintenant quels sont les quanta associés.

Le cas de l'électromagnétisme, à l'origine des phénomènes électriques mais qui concerne également les processus chimiques, s'interprète par un échange de photons, les mêmes photons qui expliquent les phénomènes lumineux. Ceux-ci ont une masse nulle et par conséquent se propagent à la vitesse maximale dite de la lumière, le fameux paramètre c qui vaut 300 000 km/s. Cette vitesse est à comprendre dans le vide. Ainsi, une particule électriquement chargée entrant en interaction avec une autre particule chargée émet un photon qui sera absorbé par la seconde particule. C'est ainsi que la force se transmet.

Notons que ces photons échangés, appelés virtuels, généralisent les propriétés des photons d'une onde électromagnétique dans la mesure où leur masse n'est plus nécessairement strictement nulle.

L'interaction nucléaire se transmet entre quarks. Deux quarks en interaction s'échangent un gluon, particule sans charge électrique et de masse nulle. On doit invoquer huit types différents de gluons pour comprendre le comportement des particules. Mais à l'image des quarks, les gluons ne peuvent apparaître librement. Eux aussi sont englués dans la matière nucléaire. Dès qu'ils sont produits lors de collisions violentes, ils doivent « s'habiller » en un ensemble de particules physiques pour être détectables. Les expériences d'accélérateurs identifient les gluons au même titre que les quarks sous forme de bouquets de particules qu'on a déjà appelés jets. Les jets provenant de gluons et ceux provenant de quarks ont des propriétés légèrement différentes quant à leurs caractéristiques géométriques.

La troisième interaction entre particules est l'interaction faible. C'est elle qui est en jeu chaque fois que des neutrinos sont impliqués. Elle explique les désintégrations radioactives du type β qui donnent lieu à l'émission d'un électron, mais aussi les phénomènes de fusion à l'intérieur des étoiles. Il existe deux types d'interactions faibles, d'une part les interactions dites à courant chargé où la particule échangée s'appelle le W, particule chargée électriquement, de masse très élevée, plus de 80 fois celle du proton, d'autre part les interactions neutres où la particule échangée est le Z^0, particule sans charge électrique, de masse encore plus élevée, 90 fois celle du proton. Le W peut porter la charge électrique positive ou négative.

Finalement la dernière interaction, celle de gravitation, déjà étudiée par Newton, est aussi interprétée comme un échange d'une particule de masse nulle et sans charge électrique : le graviton. Mais, alors que la théorie décrivant les trois premières interactions est très solide, et que les quanta correspondant ont été analysés dans leurs moindres détails, la dernière interaction, pourtant historiquement reconnue la première, est encore loin d'une explication théorique cohérente, et on attend toujours la détection directe des gravitons. Ce paradoxe apparent s'explique par le fait que la gravitation joue un rôle négligeable devant les autres interactions au niveau des particules. On aura l'occasion d'en reparler, car la quête aux gravitons donne lieu à une recherche très originale qui accapare beaucoup d'efforts actuellement et qu'on peut revendiquer comme appartenant pleinement à l'astroparticule.

Notons que les interactions faible et électromagnétique sont aujourd'hui considérées comme « unifiées ». Elles représentent deux aspects d'une force unique opérante à énergies suffisamment élevées. Il n'en reste pas moins que cette interaction unique appelée électrofaible échange à la fois des photons, des W et des Z, comme des patineurs qui peuvent s'échanger tantôt des ballons de football tantôt des ballons de rugby.

Les astroparticules

Les astroparticules seront, par définition, les particules élémentaires détectées sur Terre et provenant de sources célestes plus ou moins lointaines. *A priori* toutes les particules qu'on vient de répertorier peuvent être produites dans des phénomènes célestes et le sont très certainement même si on n'en possède pas de preuves directes. L'économie de l'Univers dans son ensemble reproduit celle de notre monde environnant, et les constituants sont identiques tant sur Terre que dans le cosmos. Ce résultat contredit l'idée médiévale qui imaginait un élément particulier inaltérable fondant le monde extraterrestre : l'éther.

> *Quelle merveille que de retrouver chez les êtres vivants les mêmes substances qui composent les minéraux ! Néanmoins, ils éprouvaient une sorte d'humiliation à l'idée que leur individu contenait du phosphore comme les allumettes, de l'albumine comme les blancs d'œufs, du gaz hydrogène comme les réverbères.*
>
> FLAUBERT, *Bouvard et Pécuchet*

L'Univers est donc un gigantesque laboratoire de physique des particules, et, comme on l'a déjà souligné, les énergies permises par certains phénomènes cataclysmiques dépassent par de nombreux ordres de grandeur celles obtenues grâce aux accélérateurs. On pourra donc y produire jusqu'aux particules les plus massives difficiles à créer sur Terre du fait d'énergies réduites et peut-être même des particules nouvelles encore inconnues.

Mais, parmi toutes ces particules, un très petit nombre est doté d'une existence suffisamment longue, c'est-à-dire un temps de vie assez élevé, pour nous arriver sans s'être désintégré en vol. En effet, les particules élémentaires, dont la famille est riche de quelques centaines de représentants, ont, pour la plupart, des existences très éphémères : elles se désintègrent en des temps parfois très courts. Par exemple le temps de vie du neutron libre se limite à 500 secondes. Cela est d'ailleurs très long devant les deux microsecondes du muon, et 10^{-23} seconde, temps caractéristique d'objets très fugaces appelés résonances. Notons que le neutron, quand il est piégé dans les noyaux atomiques, ne se désintègre plus, heureusement pour notre survie, sauf au niveau de la radioactivité qui est un phénomène secondaire en général rare. En fait, les seuls particules stables, c'est-à-dire montrant un temps de vie très long sinon infini, dont on est sûr de l'existence et qui peuvent se propager librement sont en nombre très restreint. La liste se limite à l'électron et au proton, accompagnés de leurs antipartenaires le positron et l'antiproton (quand ils se propagent dans un quasi-vide), ainsi qu'aux neutrinos, aux photons et aux gravitons. C'est à ce jour la liste complète des particules élémentaires pouvant nous provenir d'une source extraterrestre. Seuls ces messagers peuvent atteindre la Terre, s'ils sont produits lors de processus naissant à l'intérieur d'une source très éloignée. Le gluon appartient *a priori* à cette classe, mais étant le véhicule de l'interaction forte, il s'arrête dans la matière la plus ténue, il ne pourra pas s'échapper des sources mêmes qui lui donnent naissance, et d'ailleurs il ne peut exister à l'état libre.

Notons que la désintégration du proton a été longtemps recherchée expérimentalement dans d'immenses réservoirs de matière, en pratique des cuves remplies d'eau ou de grands volumes de fer, sans aucun succès. Dans les années 1980, une théorie unifiant les interactions du monde microscopique, forte et électrofaible, laissait espérer une quête fructueuse ; cette théorie de « grande unification » s'est révélée erronée ou du moins approximative. Le temps de vie du proton qu'on a ainsi mesuré dépasse 10^{35} ans, une durée très longue par rapport à l'âge de l'Univers lui-même (aujourd'hui évalué à 13,7 milliards d'années), et donc, même confronté à l'échelle des temps cosmologiques, le proton s'avère absolument stable.

Si les astroparticules sont les particules venues du ciel, le mot astroparticule réfère à la branche de l'astrophysique qui étudie ces objets microscopiques d'origine cosmique. Cette discipline s'est développée depuis les années 1990 avec un apport de physiciens des particules qui ont délaissé leur milieu originel, confiné au voisinage des accélérateurs, pour appliquer leurs techniques d'expérimentation à l'observation du cosmos. C'est aujourd'hui une branche à part entière. Elle tente de répondre à plusieurs questions. Tout d'abord, elle se pose le problème des mécanismes astrophysiques à l'œuvre dans la vie interne des objets célestes. Il s'agit souvent de mécanismes qui s'appuient sur ceux étudiés aux accélérateurs quoique extrapolés dans des domaines extrêmes d'énergie et de densité. Détecter un rayonnement microscopique qui porte l'énergie d'une balle de tennis lancée à toute vitesse à travers les espaces intersidéraux pose le problème du comment de telles accélérations, et si la gravitation est souvent seule responsable des processus initiaux, qu'il s'agisse d'effondrements ou autres cataclysmes divers, il faut injecter les connaissances de la physique des particules pour comprendre le résultat au niveau des éjections. C'est l'un des buts de cette physique de mieux comprendre les phénomènes associés.

Au-delà de la connaissance des mécanismes internes aux astres, cette nouvelle branche de physique aborde de surcroît la question des particules elles-mêmes de manière originale. En effet, certaines de leurs propriétés intrinsèques pourront être affinées, c'est du moins l'espoir des physiciens, puisque l'astroparticule met à l'épreuve les particules dans des conditions difficiles ou impossibles à égaler sur Terre. Les forces de la nature entreprennent toutes sortes d'expériences qu'on ne sait reproduire de manière maîtrisée, et pour les comprendre il faut bien s'accommoder des seuls messagers venus du ciel en les observant passivement. L'oscillation des neutrinos a été découverte à partir de sources naturelles.

Finalement, la propagation de ces particules, dotées de propriétés extrêmes à travers le milieu cosmique et sur des distances potentiellement immenses, offre un test unique du milieu traversé.

Ainsi l'astroparticule touche à la fois au domaine de la physique des particules dont on sonde les propriétés dans des conditions inégalées, à celui de l'astrophysique par l'étude des moteurs à l'œuvre dans les objets responsables de leur production, et finalement à celui de la cosmologie par la mise à l'épreuve des espaces de propagation.

L'astroparticule offre un métissage inédit. Des physiciens des particules conduisent aujourd'hui certaines de leurs recherches le long d'axes explorés jusque-là par les seuls astrophysiciens. Or les deux communautés ont des pratiques différentes. Du fait des conditions de mesures, les physiciens qui regardent le ciel doivent rester passifs devant les événements, alors qu'ils commandaient l'accélérateur qui leur fournissait des faisceaux de particules bien identifiées. Ils étaient expérimentateurs, ils deviennent observateurs. Rassemblés sous les auspices de cette nouvelle branche astroparticulaire, ils explorent, avec les techniques auxquelles ils sont habitués, les sources extrêmes de l'Univers, celles où se produisent les plus grands échanges d'énergie.

La gamme des objets astrophysiques étudiés, capables de produire ces rayonnements énergiques, est assez diverse. La grande majorité des astres, à l'exemple du Soleil, rayonnent dans une étroite bande spectrale et ne donneront pas lieu à une production de haute énergie. Au contraire, les sources extrêmes émettent des rayonnements de natures variées dans une vaste gamme d'énergies. Ce seront les émetteurs des astroparticules. L'inventaire non exhaustif de ces sources monstrueuses comprend les supernovae, les étoiles à neutrons, les trous noirs et culmine avec les trous noirs super massifs. Ces objets sont encore pour la plupart mal compris. Un modèle unifié n'est toujours pas disponible, mais en règle générale ces sources extrêmes trouvent dans la gravitation le moteur principal de leur éclat dont les processus se manifesteront par des jets de particules de très haute énergie.

CHAPITRE 4

Les rayons cosmiques

Et l'histoire est comme l'analyse astronomique, cette science qui démontre la composition des étoiles les plus lointaines parce qu'elles contiennent les mêmes éléments et les mêmes gaz.

M. PROUST, *Jean Santeuil*

Les muons

Comme dans le cas de Monsieur Jourdain confronté à la prose, les physiciens faisaient de l'astroparticule sans en être conscients. Cette branche, déjà ancienne, constitue la physique du rayonnement cosmique.

On sait aujourd'hui que la Terre est sujette à une averse continuelle, à hauteur d'une centaine de particules chargées tombant chaque seconde sur chaque mètre carré au niveau de la mer. Ces particules peuvent être visualisées dans des dispositifs adaptés qui montrent une pluie de traces droites tombant plus ou moins verticalement. Les musées scientifiques en possèdent souvent un exemplaire. Ces particules ont été reconnues comme étant, pour la plupart, des muons. Le muon est le lepton grand frère de l'électron, il possède des propriétés très similaires, en particulier la même charge électrique, mais une masse deux cents fois supérieure.

Les muons n'entrent pas dans la composition de la matière ordinaire. On aurait pu être tenté de les associer à une origine purement céleste, comme les Anciens qui avaient inventé l'éther pour différencier la composition du cosmos de celle du monde altérable terrestre. Mais le muon est facilement produit dans les expériences construites aux accélérateurs où on a finement étudié ses propriétés. En particulier, il possède un temps de vie limité à deux microsecondes. Par conséquent, les muons arrivant sur Terre ne peuvent provenir de très loin. Alors quelle est leur origine ?

Essayons de comprendre les mécanismes à l'œuvre, et pour cela, commençons par un bref panorama historique.

Au début du XXe siècle, les savants d'alors détectaient déjà à la surface de la Terre un flux de particules chargées sans qu'ils puissent en mesurer la direction. La source et la nature en étaient inconnues. Deux hypothèses s'offraient : soit ils avaient une origine terrestre, soit une origine céleste. L'expérience devait trancher, et pour cela, il fallait mesurer ce flux mystérieux à plus ou moins grande distance du globe.

L'instrument alors utilisé consistait en un électroscope. C'est un appareillage simple, employé en électrostatique pour mettre en évidence la présence de charges électriques. Il se compose de deux feuilles pendant librement sous une boule métallique. Ces feuilles sont souvent fabriquées en or, car l'or permet d'obtenir des épaisseurs très fines de 20 micromètres et donc les feuilles ainsi formées sont très légères. Quand elles sont électriquement neutres, les feuilles restent serrées l'une contre l'autre. Si on apporte des charges extérieures au niveau de la boule supérieure, par exemple grâce à une baguette de bakélite précédemment frottée, ces charges se répartissent sur toute la surface externe métallique, les deux feuilles s'électrisent donc. Le même type de charges s'accumule sur les feuilles et donc celles-ci commencent à se repousser du fait de la force électrostatique qui se développe entre elles. L'angle d'ouverture entre les deux feuilles, de part et d'autre de la verticale, mesure l'électrisation. Avec un tel dispositif on ne peut connaître le signe des charges mises en jeu mais on peut évaluer leur quantité.

Si l'électroscope électrisé est laissé au repos, les feuilles se rapprochent peu à peu l'une de l'autre, le dispositif se décharge spontanément de manière graduelle. Cela dénote l'effet de charges présentes dans l'espace alentour. En effet, des particules chargées ionisent continuellement le milieu qu'elles traversent, elles séparent électrons et ions des atomes d'air. Si le milieu n'est pas électrisé, électrons et ions reformeront rapidement les atomes neutres. Au contraire, dans le voisinage des feuilles électrisées, les charges engendrées dans l'air ayant le signe opposé aux charges portées par les feuilles subiront l'attraction et l'électroscope se déchargera. Notons que si l'électroscope se trouvait dans le vide, il resterait chargé. Ainsi, plus le flux de particules chargées traversant l'espace entre les feuilles est élevé, plus il y a d'ionisation de l'air et plus l'électroscope se décharge rapidement.

On fit une première mesure différentielle en montant au sommet de la tour Eiffel. L'électroscope s'y déchargeait moins rapidement qu'au niveau du sol, il fallait donc admettre que le flux ambiant de particules chargées diminuait. Le physicien autrichien Victor Hess ne craignit pas de s'embarquer à bord d'un ballon ouvert en l'année 1912. Il atteignit 5 000 mètres d'altitude et eut la surprise de constater que, au-delà d'une hauteur de un kilomètre, les fines feuilles de son électroscope se déchargeaient de plus en plus rapidement. Cela témoigne d'un flux de particules chargées électriquement qui augmente régulièrement à mesure que le ballon s'élève. Notons d'ailleurs qu'au fur et à mesure où l'on s'élève, la densité de gaz diminue ce qui, à flux constant de particules, devrait se traduire par une décharge plus lente, mais cet effet est de second ordre. La source de ce rayonnement n'est donc pas à chercher dans l'environnement terrestre. Hess conclut à l'existence d'un rayonnement ionisant d'origine cosmique. Le valeureux physicien prêt au décollage apparaît sur des photos de l'époque au moment où il monte dans la nacelle avec son chapeau sur la tête. Le résultat de l'expérience au sommet de la tour Eiffel indiquait un effet contraire, car une contribution de la croûte terrestre provenant de la radioactivité naturelle se superpose au flux cosmique, mais cette composante s'atténue rapidement avec l'altitude. Il faut d'abord s'en affranchir pour mesurer l'effet du rayonnement venu du cosmos.

Le résultat obtenu par Hess s'interprète donc par une émission venant du ciel et non de la Terre. En 1913, on confirma le résultat en étendant les mesures jusqu'à 9 300 mètres d'altitude. Mais il faudra attendre les années 1927 à 1936, avec l'invention du compteur de Geiger-Muller, pour entreprendre des mesures systématiques et établir la nature du rayonnement ionisant en étudiant les variations de son flux en fonction de la latitude terrestre et de la direction d'arrivée. On en déduisit qu'il s'agit pour l'essentiel de particules chargées et non de photons qui peuvent également ioniser l'air par production de paires électron-positron.

En 1938, une nouvelle étape est franchie avec Pierre Auger et Roland Maze qui découvrent les « grandes gerbes » atmosphériques. Ils constatent que des compteurs au sol, très séparés les uns des autres peuvent indiquer un signal provenant d'une même origine. Ce résultat leur permet d'affirmer l'existence de rayons cosmiques portant des énergies colossales d'au moins 10^{15} eV.

En 1947 Conversi, Pancini et Piccioni identifient le muon comme particule la plus abondante dans le rayonnement cosmique arrivant au sol. Ils démontrent que le muon ne subit pas les interactions fortes, c'est-à-dire qu'il ne se lie pas à l'intérieur des noyaux atomiques, c'est un lepton. Cette propriété fait de lui la particule chargée la plus pénétrante. À énergie suffisante, le muon peut traverser assez facilement la matière, plusieurs mètres de fer ne l'arrêtent pas.

Les cosmiques primaires

Les étoiles commencèrent à s'émietter, un nuage de poussière étoilée tomba à travers l'espace.

J. JOYCE, *Portrait de l'artiste en jeune homme*

Une nouvelle étape est franchie en 1948, quand Bradt et Peters, utilisant des émulsions photographiques envoyées à haute altitude, grâce à des ballons stratosphériques atteignant cette fois jusqu'à plusieurs dizaines de kilomètres, identifient des protons ainsi que des noyaux d'éléments plus lourds portant des énergies de 1 GeV environ. On appelle cosmiques primaires ces particules qui viennent directement du cosmos et bombardent les couches supérieures de l'atmosphère. On a vu que protons et noyaux ordinaires sont stables et donc peuvent voyager sur de très grandes distances, au contraire du muon à temps de vie très court.

On ne trouve pratiquement plus de protons au niveau de la mer dans le flux cosmique, et il n'y a pas de muons à haute altitude, il s'agit de comprendre le passage de l'une à l'autre de ces deux catégories de particules. Il faut ici détailler le rôle de l'atmosphère qui interpose entre le cosmos et nous un voile de faible densité, malgré tout loin d'être négligeable puisqu'il équivaut à une colonne de 13 mètres d'eau, comme on l'a déjà souligné dans le cas de la lumière. On a parlé du blindage que constitue l'atmosphère contre les rayons X. Ceux-ci sont rapidement absorbés, ils disparaissent en excitant les atomes de l'air. Pour les particules de haute énergie, l'effet est différent. Elles interagissent dans l'atmosphère comme les faisceaux issus d'un accélérateur interagissent dans une cible de matière disposée sur leur passage pour engendrer des particules secondaires. Si le milieu est suffisamment profond, ce qui est le cas de l'atmosphère, ces particules secondaires interagissent à leur tour et la cascade continue en multipliant le nombre de particules. Le tout résulte en une avalanche extrêmement fournie et étendue, du moins dans le cas d'une énergie initiale élevée.

Selon leur nature, les particules ainsi produites interagissent différemment. Les comportements sont bien connus aux accélérateurs, mais le résultat d'ensemble donne toujours ce qu'on appelle des gerbes, c'est-à-dire des ensembles de particules secondaires, tertiaires... en nombre d'autant plus grand que l'énergie initiale est élevée. Parmi ces particules, en première approximation, seuls les muons ont un temps de vie et un pouvoir de pénétration suffisants pour pouvoir espérer arriver jusqu'au sol. Toutes les autres particules, un moment présent, interagissent à leur tour ou se désintègrent. Cela explique l'observation initiale du flux de particules presque exclusivement composé de muons à l'arrivée sur Terre. Auger et Maze seront les premiers à prouver cette hypothèse d'avalanche, en observant les signes annonciateurs de gerbes étendues détectées au niveau du sol sous forme de particules corrélées arrivant en un même instant en deux endroits distincts. Une autre preuve de la nature atmosphérique de ce mécanisme vient de la modulation du flux de muons en fonction de la saison. On a noté une variation de 2 % de ce flux reflétant les changements de température dans les couches supérieures de l'atmosphère qui résultent en changements de densité. Ainsi les muons naissent bien au niveau de l'atmosphère.

Comment se forme précisément une gerbe ? Toutes les connaissances recueillies auprès des expériences d'accélérateurs ne laissent pas de doute à ce sujet, et des mesures directes confirment l'hypothèse : l'atmosphère joue le rôle d'un dispositif qu'au laboratoire on appelle un calorimètre. Les couches supérieures, bombardées par des particules à temps de vie très longs, essentiellement des protons, servent de cible aux rayons cosmiques primaires. La différence avec les conditions existant aux accélérateurs réside dans le fait que, dans le cas des cosmiques, l'énergie n'est pas limitée par la technologie et peut atteindre des valeurs inimaginables sur Terre. Ainsi les notions acquises dans les laboratoires doivent être extrapolées parfois sur de nombreux ordres de grandeur, ce qui pose le problème de la fiabilité des simulations, obligatoires pour extraire un résultat physique à partir des données brutes recueillies au niveau des détecteurs au sol.

On sait donc comment mettre en évidence les cosmiques primaires, soit directement au-dessus de l'atmosphère, soit indirectement par les gerbes qu'ils engendrent, et la question astroparticulaire qui se pose sera : d'où proviennent-ils ? Cette demande est liée à l'interrogation qui nous préoccupe ici : Avec de tels messagers, obtiendrons-nous une image différente du ciel ?

À l'heure actuelle, on n'a toujours pas obtenu de cartes du ciel correspondant aux flux de protons ou d'électrons primaires. On expliquera plus loin les difficultés de cette quête. Pour les neutrinos, une première carte existe, bien qu'elle soit encore très rudimentaire. En effet, des neutrinos extragalactiques ont été observés, pour la première et unique fois dans l'histoire, le 23 février 1987. La source fut rapidement identifiée. L'éphémère bouffée provenait de l'explosion de la supernova SN1987A qui eut lieu dans le Grand Nuage de Magellan, une galaxie située à 170 000 années-lumière de la Terre. Cette salve de neutrinos traversa le globe pendant une dizaine de secondes, laissant sur son passage des signaux enregistrés par deux détecteurs heureusement en fonctionnement et capables de les observer, l'un situé au Japon et l'autre aux États-Unis. Le flux de neutrinos nous bombardant alors atteignit quelques milliards de particules par centimètre carré mais, malgré ce chiffre faramineux, seuls une dizaine d'exemplaires s'arrêtèrent dans chacun des deux dispositifs. On détaillera plus tard les résultats obtenus avec ces messagers très spéciaux.

Les rayons cosmiques jouent un peu le rôle de Dr Jekyll et Mr Hyde, car si leur intérêt a récemment connu une renaissance, ils n'en demeurent pas moins honnis comme parasites par les physiciens demeurés fidèles aux accélérateurs et plus encore par ceux recherchant des phénomènes rares sur la Terre. En effet, les cosmiques constituent un fond envoyant sans cesse des signaux fort gênants dans les dispositifs expérimentaux. On évalue à 1 eV par centimètre cube l'énergie locale correspondant au rayonnement cosmique. C'est très peu, mais ce niveau suffit à perturber des recherches où les signaux attendus sont extrêmement rares. Cela explique que nombre de détecteurs, en particulier ceux recherchant des effets très spécifiques liés à l'astroparticule, doivent s'enterrer pour se protéger d'un flux parasite trop intense. C'est le cas pour toutes les recherches sur les neutrinos et autres particules fantômes. Le flux perturbateur, dont on a vu qu'il est composé essentiellement de muons, décroît d'un facteur un million quand on s'enterre à une profondeur de 10 kilomètres d'équivalent eau soit quelques kilomètres de roches. Cela explique la présence de détecteurs tapis dans des galeries autoroutières ou mieux encore de profondes mines.

La physique des rayons cosmiques

Comme on l'a indiqué, le muon fut d'abord identifié dans le rayonnement cosmique. C'est une particule importante dans le développement de la connaissance de l'infiniment petit puisqu'il représente le premier maillon des constituants élémentaires de la seconde famille. Il ne participe pas à la construction de la matière ordinaire qui se satisfait de la seule première famille. Nous recevons environ un muon à travers la paume d'une main chaque seconde. Ces particules ont été finement étudiées depuis les premières observations du temps de Victor Hess. On sait aujourd'hui qu'elles sont capables de traverser une quantité non négligeable de matière sans être absorbées, en particulier toute l'épaisseur de l'atmosphère. Elles perdent de l'énergie par ionisation, mais cet effet est assez faible puisqu'il se limite à environ 200 keV par mètre d'atmosphère traversé. Leur flux est aujourd'hui très bien étudié. On l'a mesuré en fonction de l'énergie, il pique aux environs de 500 MeV puis décroît approximativement comme l'inverse du carré de l'énergie. Aux basses énergies, il dépend de l'activité solaire qui perturbe localement les champs magnétiques environnant.

Le flux de muons varie également avec la pression atmosphérique : il augmente quand la pression augmente. Cela indique que ce rayonnement dépend des conditions existant dans l'atmosphère, ce qui corrobore sa naissance dans ce milieu : les muons possédant un temps de vie limité à 2 microsecondes, ils ne peuvent franchir de très grandes distances. Il est facile de calculer que ce temps de vie limité correspond à un parcours de l'ordre de quelques centaines de mètres, parcours trop petit pour permettre la traversée de toute l'atmosphère. Pour comprendre le résultat, il faut invoquer la dilatation des temps prédite par la théorie de la relativité, les parcours effectifs sont beaucoup plus élevés pour un observateur immobile sur Terre. Par exemple un muon d'énergie 1 GeV peut franchir une distance de 5 kilomètres en moyenne, et ainsi il peut traverser une bonne profondeur d'atmosphère. En tout état de cause, les muons sont produits localement, tout au long de la gerbe engendrée par les cosmiques primaires et cela dès les premières couches de l'atmosphère.

Pendant des décennies, les physiciens de l'infiniment petit gravirent les montagnes pour y étudier les propriétés des particules qu'on pouvait repérer dans le rayonnement cosmique. S'élever en altitude permet en effet de « remonter » dans le développement de la gerbe pour examiner les divers spécimens existant à diverses étapes de l'avalanche, jusqu'au rayon primaire si l'altitude est suffisante. Les interactions permises ouvrent une riche palette de spécimens, et toutes les particules connues y sont *a priori* présentes même si les plus intéressantes sont en nombre très minoritaire. Encore faut-il pouvoir les identifier avec assurance.

L'âge des rayons cosmiques engrangea une belle moisson de résultats, puisque, outre l'identification du muon, premier représentant de la seconde famille des constituants, on y détecta dès 1932 le positron, autrement dit l'anti-électron, premier exemplaire de l'antimatière. Dans les années 1950 la physique de l'étrangeté, c'est-à-dire celle liée au troisième quark, le quark étrange s, se développa grâce à des dispositifs de plus en plus élaborés installés à haute altitude. En particulier le pic du Midi dans les Pyrénées fut une station d'observation très prisée. Mais déjà à cette époque une bonne partie des physiciens se tournait vers les accélérateurs qui débutaient leur carrière et permettaient de fournir des faisceaux mieux maîtrisés pour l'étude systématique des propriétés des particules.

Pourtant, une communauté resta attachée à l'étude du rayonnement cosmique. Parfois l'annonce de quelque curieux phénomène agitait le milieu, par exemple la détection de quelques interactions difficiles à interpréter ne semblant comporter que des particules chargées. Quelques tests de confirmation étaient proposés aux accélérateurs, et comme au bout du compte aucun signal concordant n'était avéré, on enterrait l'affaire après quelques discussions enflammées au moment de conférences.

Il restait aux tenants des cosmiques à étudier les propriétés des objets astrophysiques capables d'émettre un tel rayonnement. Et sur ce front, malgré près de cent ans d'études, l'origine des rayons cosmiques n'est toujours que partiellement élucidée. Le retour en force vers cette branche de recherche des physiciens aguerris aux méthodes ambitieuses des accélérateurs, donne à la discipline une impulsion nouvelle et l'espoir de résultats plus décisifs.

CHAPITRE 5

Mesures d'en haut et mesures d'en bas

Rieux se mit sur le dos et se tint immobile, face au ciel renversé, plein de lune et d'étoiles.

A. Camus, *La Peste*

Les mesures en ballons

On a vu que l'atmosphère brouille l'image du ciel pour la plupart des rayonnements. Afin d'effectuer des mesures du rayonnement cosmique, par exemple en rayons X, il faut impérativement être en prise directe avec le flux correspondant, c'est-à-dire s'affranchir de l'écran atmosphérique, et cela est seulement possible en envoyant des dispositifs dédiés à haute altitude.

On a parlé de la première évidence de rayons cosmiques obtenue à 5 kilomètres au-dessus du sol. Cela reste le domaine de l'atmosphère qui s'étend, quoique avec une densité diminuée, jusqu'à près de 100 kilomètres d'altitude. Pour atteindre le flux primaire, il faut s'élever à plusieurs dizaines de kilomètres, c'était le cas de la mesure ayant mis en évidence les protons cosmiques en 1948 dans des émulsions photographiques. Par la suite, les dispositifs se sont complexifiés, permettant d'identifier de plus en plus précisément la nature, l'énergie et la direction d'arrivée des particules célestes. Au fur et à mesure du développement de cette recherche, les techniques de détection se sont diversifiées, utilisant toute la panoplie des processus physiques permettant de mettre en évidence le passage des particules. Par exemple, pour les photons, on a pris avantage de l'effet photoélectrique, mais aussi de la création de paires et de l'effet Compton. Cela démontre une fois encore comment l'astroparticule est redevable à la physique des particules pour son développement.

Pour amener un détecteur au-dessus de l'atmosphère, on utilisa d'abord des ballons. Typiquement, un vol en ballon peut durer quelque 12 heures à une altitude de 40 kilomètres. C'est une technique relativement peu coûteuse. Quelques pas de tir existent sur la surface terrestre. Des résultats importants ont été acquis avec cette technique, mais le parcours d'un ballon n'est pas très contrôlable à cause des vents existant à haute altitude.

Dès 1962 était lancée une fusée sonde avec à son bord des compteurs sensibles aux rayons X. En 5 minutes d'une observation effectuée à 100 kilomètres d'altitude, pour le coup bien affranchie des problèmes de l'atmosphère, l'expérience fut capable de détecter la première source de rayons X, une source déjà révélée en lumière visible. Une seconde source et un fond diffus furent aussi mis au jour. Ainsi naissait l'astronomie X qui ouvrait une nouvelle fenêtre sur le ciel. Cela valut à R. Giacconi un récent prix Nobel. En fait beaucoup de sources, au contraire du Soleil, émettent la majeure partie de leur énergie dans le domaine au-dessus de quelques keV. Elles sont sièges de processus où le rayonnement électromagnétique interagit avec la matière dans des conditions extrêmes de pression et de température. Les objets sont très variés. Il peut s'agir de restes de supernovae, d'étoiles à neutrons, de systèmes binaires associant deux objets proches, ou même de candidats trous noirs. On verra que le même problème de diversités des sources se retrouve dans le cas des signaux de très hautes énergies qui nous intéresse ici plus particulièrement.

> *Au-dessus de sa tête tournaient les lentes constellations, les étoiles qu'il connaissait depuis trente ans et dont aucune n'avait de nom pour lui, qui ne signifiaient rien, ni par leur forme, ni par leur éclat, ni par leur position.*
>
> W. FAULKNER, *Lumière d'août*

Plus tard, en 1992, on obtint par une autre expérience en ballon le spectre de γ de 511 keV venant du centre galactique. Cette énergie de 511 keV est caractéristique d'un phénomène bien connu. Égale à l'énergie de masse de l'électron, elle témoigne de la présence de positrons qui s'annihilent avec des électrons du milieu traversé pour engendrer deux photons chacun portant l'énergie de masse des particules sacrifiées. Grâce à des détecteurs mesurant précisément l'énergie des photons détectés, il fut aussi possible de mettre en évidence l'existence de composantes interstellaires radioactives provenant de désintégrations de noyaux, en particulier ^{56}Co, ^{46}Sc, ^{26}Al qui émettent des raies caractéristiques.

Malgré l'avènement des mesures en satellites qu'on discutera par la suite, l'ère des ballons n'est pas dépassée. Très récemment, une collaboration américano-japonaise a lancé un imposant spectromètre appelé BESS-polar, muni d'un aimant supraconducteur pesant deux tonnes et emporté par un ballon dont le volume atteignait un million de mètres cubes. Il fut lâché depuis une station située en Antarctique car le régime de vents au-dessus de ce continent y permet de longs vols dépassant la semaine.

Cette expérience poursuit l'étude systématique des recherches d'antiprotons d'énergie modérée dans le rayonnement cosmique. Ces particules très rares constituent une sonde de l'Univers primitif. En effet, si la plupart des antiprotons détectés proviennent de collisions de cosmiques primaires avec les gaz interstellaires, le défi consiste à découvrir une composante d'antiprotons provenant directement du Big Bang soit par évaporation de trous noirs primordiaux soit par désintégrations de certaines formes de matière noire. Ces notions seront détaillées plus loin.

Les résultats antérieurs à cette nouvelle expérience BESS-polar affichent déjà 2 000 antiprotons pour la grande majorité identifiés comme d'origine secondaire, mais la forme de la distribution en énergie obtenue suggère la possibilité d'une origine différente. L'expérience recherche également de l'antihélium, élément jamais découvert jusqu'à présent composé de deux antiprotons et antineutrons. La détection de l'antihélium aurait une profonde signification car la probabilité de création de tels atomes par interactions de cosmiques primaires est infinitésimale. Un seul exemplaire remettrait aussi en question l'idée qu'on se fait de la présence de galaxies éventuelles d'antimatière qui pourraient former un anti-Univers dans quelques recoins de l'espace.

Un total de 900 millions de traces de rayons cosmiques ont été engrangées pendant le vol de BESS-polar, l'analyse est en cours.

Les mesures en satellites

> *Newman l'escortait la tête rejetée en arrière afin de pouvoir contempler un maximum d'étoiles ; il avait l'impression de chevaucher sa vengeance le long de la Voie lactée.*
>
> H. JAMES, *L'Américain*

Aujourd'hui, une autre possibilité s'offre aux chercheurs : l'utilisation de détecteurs embarqués sur des satellites. La technique permet plusieurs années d'observation à des altitudes beaucoup plus élevées que celles atteintes par les ballons. Le temps d'observation très allongé est un avantage considérable, car une source émettant faiblement, parce qu'elle est très distante de la Terre, doit pouvoir être suivie pendant longtemps pour permettre l'enregistrement d'un signal suffisant. Corrélativement, les détecteurs construits pour fonctionner pendant de longues périodes justifient des techniques plus fiables et plus élaborées, il n'est pas question d'aller réparer dans l'espace un dispositif défaillant. La physique spatiale exige la technique « zéro panne » dans un environnement difficile. Cela se traduit par des coûts de fabrication beaucoup plus élevés, et il faut ajouter, à la dépense de l'instrument, celle tout aussi élevée du lancement.

L'avantage des satellites consiste en un faible bruit de fond, car la très haute altitude est un milieu particulièrement calme. Les seuls parasites sont les cosmiques primaires eux-mêmes non recherchés, par exemple les inévitables protons quand on désire mesurer le taux d'antiprotons. Il faut donc étiqueter au mieux les particules détectées, c'est-à-dire mettre en œuvre des techniques d'identification élaborées.

Les expériences en satellites permettent de bonne résolution en énergie et de grand champ de vue. Ils souffrent en revanche de résolution angulaire limitée, généralement de l'ordre du degré, car les détecteurs ne peuvent pas être très profonds. Or dans un degré carré du ciel, il existe environ un million de galaxies ! Mais la grande limitation des mesures en satellites provient de la nécessité de construire des détecteurs compacts dont la superficie ne peut être très étendue. Le poids lui aussi doit rester contenu, ainsi que la consommation électrique. On expliquera pourquoi cela limite la gamme des énergies explorées et ne permet qu'une excursion relativement modérée.

Dans les années 1990, de grands observatoires spatiaux furent lancés. Ils couvraient une vaste gamme d'énergie. L'exemple le plus emblématique est peut-être le Hubble Space Telescope, travaillant dans la gamme de la lumière visible. On peut également mentionner le Compton Gamma Ray Observatory, pour les X durs et γ proches, le Space Infra Red Telescope Facility, pour les photons d'énergies inférieures au visible...

Au contraire des ondes radio, des infrarouges ou du visible, qui sont des rayonnements pouvant être réfléchis sur des miroirs de grandes dimensions pour être focalisés vers des compteurs compacts, les rayons de plus haute énergie ne peuvent être focalisés. Il n'existe pas de lentilles d'agrandissement et donc la technique de détection nécessitera des dispositifs dont la surface de capture sera limitée par les financements disponibles. De grandes surfaces en effet se traduisent par de grandes masses et une complexité accrue. Elles demandent également davantage d'électronique de lecture et donc réclament plus d'électricité qui est une denrée dispendieuse dans l'espace.

L'expérience EGRET (Energetic Gamma Ray Experiment Telescope) fut particulièrement fructueuse pour le débroussaillement du rayonnement cosmique d'énergie supérieure. Le détecteur convertit les γ dans une chambre à étincelles pour donner des paires électron-positron identifiables. Il donne une bonne résolution en énergie, et une détermination angulaire correcte, de l'ordre de 0,5° (moitié du diamètre apparent de la Lune). Cela permet une identification approximative des sources potentielles. EGRET a ainsi cartographié de l'ordre de 300 objets émettant un signal jusqu'à une énergie de 100 MeV. La carte du ciel ainsi dévoilé est montrée sur le site www.dur.ac.uk. Cette carte fait toujours référence dans la gamme des photons d'énergies intermédiaires. Beaucoup de ces sources ne sont pas identifiées, on n'a pas trouvé leur contrepartie en lumière visible.

La technique permise par les ballons ou les satellites est nécessairement très limitée en surface de détection et en masse embarquée. On peut au mieux instrumenter finement des surfaces de l'ordre du mètre carré. Or les flux qui nous arrivent du ciel sont d'autant plus faibles qu'on s'intéresse à des énergies plus élevées. Les rayons cosmiques, comme bien d'autres phénomènes naturels, suivent la règle tacite simple : plus c'est énergique, plus c'est rare.

Si les flux de cosmiques chargés ayant une énergie autour du GeV avoisinent quelques dizaines d'exemplaires au mètre carré par seconde, une expérience de taille raisonnable demandera quelques jours d'observation pour accumuler un million de traces, statistique jugée suffisante pour permettre les analyses les plus importantes. Autour de 10 GeV, les flux sont réduits par un facteur supérieur à la centaine. Pour atteindre la même statistique, il faudrait donc observer dans le même appareillage pendant des durées cent fois plus longues. On voit que rapidement on bute contre le mur des temps d'observation irréalistes.

Les mesures spatiales sont donc limitées aux énergies relativement modestes, du fait des flux décroissant très rapidement quand les énergies s'élèvent. Il faudrait des années à un détecteur embarqué pour enregistrer un seul événement aux alentours de 1 TeV. Et un seul événement mesuré, aussi précisément soit-il, ne fait guère avancer la connaissance. Pratiquement, les expériences spatiales passées ont couvert le domaine jusqu'à 20 GeV. La génération à venir élargira la fenêtre jusqu'à 300 GeV. Pour explorer les gammes d'énergies encore plus élevées, il n'y a pas d'alternatives à des mesures faites à partir du sol, c'est-à-dire en deçà de l'atmosphère. Mais, comme on l'a indiqué, l'atmosphère ne laisse pas indemnes les particules qui la traversent, il faudra donc se contenter de mesures indirectes.

Notons que la Lune, qui ne possède pas d'atmosphère, offrirait l'avantage de permettre des expériences de grande envergure en mesurant directement le flux cosmique primaire arrivant à sa surface. Aucun projet de la sorte n'a été pour le moment sérieusement considéré.

Les mesures au sol

Les détecteurs au sol présentent des atouts complémentaires à ceux caractérisant les détecteurs embarqués sur ballons ou satellites : ils étendent largement la gamme des énergies autrement inobservables. Mais il y a un prix à payer, les informations seront moins directes et donc plus sujettes à interprétation.

Le flux intégré diminue d'un facteur 100 environ pour chaque décade gagnée en énergie. Cela vaut pour à peu près tous les types de rayonnements, quoique pour les photons certaines structures puissent apparaître à des énergies bien définies. Dans le cas des rayons cosmiques chargés le flux total est typiquement de moins d'une particule par mètre carré et par seconde à 10 GeV. Il tombe à une particule par mètre carré et année à 10^{15} eV. Aux énergies les plus hautes, là où les interrogations sont les plus intéressantes quant à l'origine et l'accélération des particules, le flux est si bas que même au sol la mesure devient difficile. Puisqu'on ne veut pas attendre pendant des années la venue aléatoire de quelques rares exemplaires, il faut envisager des dispositifs couvrant des centaines voire des milliers de kilomètres carrés, ce qui évidemment ne peut se concevoir qu'à la surface de la Terre.

Les mesures seront donc indirectes, et pour interpréter les résultats, il faudra soigneusement tenir compte de la présence incontournable de l'atmosphère et en comprendre précisément les effets. Ici la connaissance du comportement des particules étudié aux accélérateurs devient primordiale.

Il insistait sur le sens propre qu'il convient de restituer au mot météore – qui n'est pas comme on le croit communément une pierre tombée du ciel – ce qui s'appelle une météorite – mais tout phénomène ayant lieu dans l'atmosphère.

M. TOURNIER, *Les Météores*

Quand un rayon cosmique bombarde les couches supérieures de l'atmosphère, à plusieurs dizaines de kilomètres d'altitude, il y interagit de la même manière que les particules sortant des accélérateurs qu'on envoie sur une cible de matière pour analyser la structure fine des réactions qu'elles engendrent. En particulier, un dispositif est à l'honneur dans les expériences de physique des particules qu'on a déjà introduites, le calorimètre. Précisons sa nature.

Un calorimètre mesure la « chaleur », c'est-à-dire l'énergie totale d'une particule en l'arrêtant complètement et en détectant un effet global de son passage. Deux types de dispositifs existent, et la distinction s'applique aussi à l'atmosphère : les calorimètres hadronique d'une part, électromagnétique d'autre part. Un calorimètre hadronique sert à arrêter les hadrons, c'est-à-dire les particules subissant l'interaction forte, en pratique les nucléons ou les noyaux atomiques, tandis qu'un calorimètre électromagnétique joue le même office pour les particules telles que photons et électrons ou positrons.

Dans chacun des cas, la particule incidente interagit suivant les probabilités propres à sa nature, et les particules secondaires ainsi produites au cours du développement interagissent à leur tour, jusqu'à ce que l'énergie des particules ultimes encore présentes soit suffisamment faible pour qu'elles freinent leur progression et finalement s'arrêtent. On appelle gerbe cette cascade de particules secondaires. Or il en existe deux types, la gerbe électromagnétique et la gerbe hadronique, et la différence entre les deux cas sera détaillée plus loin.

Les rayons cosmiques de toute nature, que ce soient des photons, des neutrinos ou des particules chargées, dotés d'une énergie élevée sont donc détectés indirectement grâce aux gerbes qu'ils engendrent pendant leur traversée de l'atmosphère. Ces gerbes consistent en une multitude de particules secondaires dont le nombre s'avère proportionnel à l'énergie du primaire. Encore faut-il les détecter.

Plusieurs techniques existent pour enregistrer la formation des gerbes. Deux grandes méthodes s'offrent pour la détection : on cherchera soit à voir la lumière émise lors de la propagation des particules dans l'air, soit à enregistrer le flux de particules atteignant le sol.

Dans le cas de détection de la lumière, il existe deux types de lumière produite par la gerbe dont les propriétés sont bien différenciées : l'une s'appelle la lumière Cerenkov, elle est émise dans la direction de propagation de la gerbe, comme le faisceau d'une torche, l'autre est la lumière de fluorescence émise isotropiquement, c'est-à-dire dans toutes les directions comme une ampoule au néon. Ces deux types de lumière seront détectés par des capteurs photosensibles disposés au sol en observant par les nuits sans Lune des traces lumineuses striant l'atmosphère.

Indépendamment de la lumière produite, une partie des particules de la gerbe peut également atteindre le sol, du moins si l'énergie initiale est suffisamment élevée. Il s'agit essentiellement de muons. Cette averse peut arroser de très grandes surfaces et ici la détection demande l'utilisation de capteurs sensibles au passage des particules, couvrant de larges superficies au sol. Répartis en réseau, ces capteurs utiliseront les techniques associées à la physique des hautes énergies.

On verra que les trois méthodes sont utilisées pratiquement dans d'ambitieuses expériences. Chacune a ses avantages et ses limitations. La détection des particules à leur arrivée au sol présente l'avantage de fonctionner constamment, c'est-à-dire par tous les temps. En revanche, les détections fondées sur la lumière sont moins efficaces puisqu'elles seront limitées aux nuits suffisamment obscures et donc sans Lune, soit environ 10 % du temps.

L'atmosphère sera donc utilisée comme un calorimètre. Son épaisseur est suffisante pour que, même aux énergies ultimes dont il sera question ici, toute l'énergie primaire se dépose graduellement dans sa traversée. Par cette technique, la sensibilité qu'on peut atteindre permettra de détecter des flux très faibles, puisqu'on espionne d'immenses surfaces, jusqu'à atteindre le niveau infinitésimal de un rayon cosmique apparaissant sur un kilomètre carré en un siècle.

Il n'en reste pas moins que, dans une expérience d'accélérateur, le calorimètre mesure l'énergie d'une particule de nature *a priori* connue en reconstruisant le profil de la gerbe déposée, ici l'information se limite à un signal global détecté en fin de course et la nature du cosmique reste bien sûr inconnue. Le défi est donc tout autre.

CHAPITRE 6

Les violences cachées de l'Univers

Je voyais le tour de force ! le ressort ! une trempe terrible ! pour tenir l'épreuve ! ne pas flancher sous les effluves, l'ouragan des cosmiques ! Ah ! les risques étaient formidables... une fois déchaînés les « cyrons » comme on les appelle !

L. F. CÉLINE, *Le Pont de Londres*

Des cosmiques d'énergie record

Le flux d'apparition des rayons cosmiques, tel qu'il est aujourd'hui mesuré en fonction des énergies est très bien résumé sur le site pdg.lbl.gov/2006/reviews/cosmicrayrpp.pdf. Aux énergies les plus élevées, les particules sont probablement électriquement chargées, mais l'identification de leur nature est encore trop fragmentaire pour avoir des certitudes à ce sujet, et des photons peuvent toujours se cacher sous la composante principale.

En 80 ans d'études, on a petit à petit exploré une gamme de flux qui couvre 33 décades, passant du niveau confortable d'une centaine de particules par mètre carré et par seconde pour les énergies communes, au niveau désespérant de une seule particule par kilomètre carré et par siècle à l'extrémité du spectre. La gamme des énergies explorées est à l'avenant, puisqu'elle varie de douze ordres de grandeur sur une gamme s'étendant de quelque 100 MeV à plus de 10^{20} eV. Ces énergies sont toutes qualifiées de hautes par les physiciens, puisque 100 MeV est cent fois l'énergie typique des transitions nucléaires, et cent millions de fois l'énergie des photons de lumière visible. On parle de très hautes énergies quand on atteint le TeV et d'énergies extrêmes pour les événements très rares de 10^{18} eV et au-delà.

Au-dessous de 10 GeV, le flux est modulé d'un facteur approchant trois par le vent solaire. On appelle ainsi un flot de particules chargées s'échappant en permanence de la haute atmosphère du Soleil. Ce vent est à l'origine des aurores boréales. Il est essentiellement constitué de protons, d'électrons et de noyaux d'hélium. Il baigne l'ensemble du système solaire. Les vitesses d'agitation thermique de ces particules sont très petites par rapport à celles qui caractérisent les autres particules considérées ici. Elles se limitent à 400 km/s, soit à peine plus d'un millième de la vitesse de la lumière. Ce vent a pourtant un effet global sur les particules cosmiques car il influence le champ magnétique solaire, et globalement il repousse les particules chargées en dehors du système solaire.

En analysant la distribution des rayons cosmiques, on note plusieurs structures encore assez peu comprises. Examinons-en la forme à partir de l'énergie de 10 GeV, correspondant à environ une particule par mètre carré arrivant sur Terre chaque seconde. Le flux décroît très rapidement en $E^{-2,7}$ jusqu'à 10^{15} eV. À cette énergie un changement brutal de pente se produit, c'est la région dite du genou. Au-delà la décroissance est plus rapide en $E^{-3,1}$. On peut discerner un second genou vers 10^{17} eV, puis à 3 10^{18} eV, une nouvelle rupture de pente est visible, mais dans le sens inverse. On appelle cette région la cheville. Le flux avoisine alors un cosmique par kilomètre carré et par an. À partir de cette énergie, le spectre semble s'aplatir, il décroît moins rapidement. Genoux et cheville sont des termes généralement utilisés qui parlent d'eux-mêmes, et qui font référence aux « articulations » visibles sur le spectre.

La compréhension de ces structures est encore partielle. On imagine des transitions entre une première contribution galactique et une seconde d'origine extragalactique. En effet, une pente accrue peut se comprendre par les phénomènes de pertes d'énergie subies lors de diffusions qui rabattent les rayons vers les énergies diminuées. Les cosmiques d'énergie plus basses tournent plus longtemps dans les champs galactiques puisque leur rayon de giration magnétique est plus petit. Ils diffusent donc davantage ce qui accroît l'effet de freinage par diffusion. Mais il n'existe pas encore de simulation précise pour valider ces hypothèses.

Vers la queue haute du spectre, on a aujourd'hui détecté l'arrivée de particules chargées, probablement des protons, atteignant les énergies énormes de 10^{20} eV. Cela correspond à une énergie macroscopique dépassant les dix joules. Elle équivaut à l'énergie emmagasinée par une balle de tennis lancée à 100 km/h, mais au contraire de la balle de tennis, elle est concentrée dans une particule microscopique, c'est-à-dire dans un volume 10^{42} fois plus petit ! La vitesse de la particule approche celle de la lumière à 10^{-22} près. Les plus puissants accélérateurs construits de main d'homme atteignent à peine un dix-millionième de cette énergie. L'Univers demeure donc un accélérateur sans concurrence, et il est compréhensible que les physiciens se tournent vers ces horizons ultimes pour débusquer des comportements originaux de particules animées de telles énergies. Mais il y a un prix à payer pour profiter d'une telle usine : on ne reçoit qu'un flux dérisoire de telles particules championnes, il n'en arrive au niveau de la Terre qu'environ une par kilomètre carré et par siècle. Cela expliquera la nécessité de tapisser des surfaces énormes pour espérer en piéger quelques exemplaires.

Chaque rayon détecté sur Terre arrive au bout d'un périple certainement mouvementé, et le physicien cherche à tout savoir de son histoire : où et comment il a été formé, quels processus l'ont lancé à travers l'espace, qu'a-t-il rencontré en chemin et comment s'est-il transformé lors de son voyage. C'est le fascinant but de l'astroparticule de répondre à ces questions.

Notons d'ores et déjà qu'à ces frontières extrêmes, les particules chargées reçues sur Terre sont si énergiques qu'elles peuvent traverser de vastes régions de l'Univers sans être défléchies par les champs magnétiques existants. Elles permettront donc *a priori* d'indiquer leur point d'origine assez précisément, du moins s'il provient d'une région suffisamment proche, et de dresser ainsi les cartes correspondantes. C'est une raison suffisante pour s'y intéresser en priorité.

Les accélérateurs cosmiques

Si l'origine des rayons cosmiques est encore assez mystérieuse, celle des rayons d'énergie extrême est l'une des énigmes les plus étranges de l'astrophysique. Les sources leur procurant cette énergie sont inconnues, d'autant qu'il y a de bonnes raisons de penser que même si elles sont produites, ces particules devraient difficilement parvenir jusqu'à nous. On ne comprend donc pas précisément les modes de fonctionnement à l'œuvre, néanmoins on doit admettre qu'il existe quelque part dans l'Univers des émetteurs de particules dont l'énergie atteint 10^{21} eV, qu'on peut assez librement appeler des Zévatrons, à l'exemple du Tévatron, machine américaine accélérant les protons jusqu'à 1 TeV.

Sans doute, le Big Bang a représenté le phénomène le plus violent dans l'histoire de l'Univers. Mais les particules produites alors ont eu le temps de s'assagir. En 14 milliards d'années toutes les passions se modèrent. En fait, à la lumière des connaissances actuelles, les seules particules qui sont parvenues directement du Big Bang jusqu'à nous, sont caractérisées par des énergies ayant diminué au fur et à mesure de l'expansion de l'Univers, et les valeurs atteintes aujourd'hui sont très faibles. Les photons et neutrinos témoins directs de la grande explosion originelle ne sont guère dotés que d'énergies de l'ordre de 10^{-4} eV. Ce sont des énergies dérisoires, bien inférieures à celles des photons visibles. Et, au moins dans le cas des photons, ces reliques des premiers instants ont été détectées, ce qui justifie le scénario proposé. Il est malgré tout possible que certaines autres particules n'appartenant pas au moule connu subsistent depuis le Big Bang, et les théoriciens en proposent divers exemples, mais ces fossiles sortent du monde des particules avérées et demeurent spéculatifs. Il n'en demeure pas moins qu'on les recherche activement et on aura l'occasion d'en reparler plus avant.

Pour expliquer les très hautes énergies expérimentalement prouvées, deux classes de phénomènes peuvent être invoquées. La première consiste à imaginer des mécanismes d'accélération dans les phénomènes astrophysiques les plus violents dont on commence à découvrir les modes de fonctionnement, par exemple les noyaux actifs de galaxies ou les sursauts gamma. Dans ce cas, les rayons cosmiques sont d'abord produits dans des processus nucléaires tels qu'on les reproduit sur Terre, puis ils sont accélérés jusqu'aux énergies exceptionnelles mesurées. On appelle l'ensemble de ces modèles *bottom-up*. Les particules ainsi accélérées nous parviendraient avec des directions d'arrivée pointant plus ou moins vers les objets leur ayant donné naissance. On s'attend donc à trouver des points « lumineux » dans le ciel. Pour expliquer les énergies énormes mesurées dans le rayonnement cosmique il faut donc invoquer des phénomènes non primaires c'est-à-dire directement liés au Big Bang, mais plutôt secondaires, d'origine stellaire.

Le deuxième scénario est plus radical. Il propose une désintégration d'objets exotiques de masses très élevées, créés dans les premiers instants de l'Univers et ayant subsisté jusqu'à nous. Ce sont les fossiles auxquels on a déjà fait allusion. Dans ce cas, les rayons cosmiques qui en proviendraient seraient distribués uniformément sur la surface du ciel puisque la densité de fossiles serait *a priori* homogène, répartie dans toutes les directions de l'espace. Aucun point source ne leur serait associé. Il s'agit dans ce cas de modèles dénommés *top-down*. Ainsi, observer une distribution isotrope dans l'arrivée de ces particules monstrueuses ouvrirait des perspectives nouvelles sur une physique encore totalement inconnue.

Il existe une dernière hypothèse qui s'applique dans le cas des énergies intermédiaires : la possibilité d'annihilation deux à deux de particules fossiles encore à découvrir. Si de tels objets existent, ils s'accumulent du fait de leurs masses dans des « puits gravitationnels », et quand deux d'entre eux se rencontrent, ils disparaissent, au moins pour les catégories d'objets proposés qui sont leur propre antiparticule. Le résultat de l'annihilation donnerait les particules cosmiques. On recherche donc un signal caractéristique provenant du centre de notre Terre, ou bien du Soleil, ou même du centre de la galaxie.

Pour les modèles les plus classiques, ceux invoquant des accélérations, les hypothèses hésitent encore entre plusieurs scénarios car il est difficile d'atteindre les énergies entrevues par les seuls mécanismes connus. Jusqu'à 10^{14} eV, on pense à des accélérations à l'intérieur de sources existant dans notre galaxie. On imagine une origine possible dans les rejets de supernovae, bien que ces sources ne soient pas encore explicitement découvertes. Pour accélérer encore davantage, il faut invoquer des turbulences magnétiques permettant d'atteindre 10^{17} eV dans le cas des protons et peut-être 10^{18} eV pour des noyaux de fer. Au-delà de 10^{19} eV, les sources seraient extragalactiques. On imagine ainsi que la cheville représente la transition entre une composante galactique diminuant rapidement et une nouvelle composante extragalactique donnant une contribution plus aplatie, et donc prenant finalement le dessus dans la partie extrême du spectre.

Les candidats accélérateurs sont encore légion, car les modèles ne sont guère prédictifs ; on invoque les noyaux actifs de galaxies, mais aussi les trous noirs en rapide rotation qui accrètent un disque et émettent sous forme de jets relativistes. Entre ces deux scénarios, il existe une variété d'explications. Incidemment, et puisqu'on parle pour la première fois de trou noir, notons ici qu'on imagine les trous noirs comme des objets absorbant sans jamais rien recracher. C'est vrai dans le cas de particules radiales qui passant à proximité d'un trou noir sont inexorablement attirées, mais des déplacements tangentiels permettent des accélérations. L'effet est comparable aux forces de marée qui peuvent donner un transfert d'énergie et donc résulter en une accélération.

Les mécanismes de Fermi

... le soleil dardait un rayon lumineux chargé de poussière. Des mouches le traversaient comme des étoiles filantes.

J. STEINBECK, *Des souris et des hommes*

Pour accélérer des particules, il faut en général des champs électriques intenses et des champs magnétiques permettant aux particules de changer de direction pour subir de multiples fois l'effet des champs électriques accélérateurs. C'est la base des techniques terrestres d'accélération. Dans l'espace, on peut obtenir des champs électriques par l'effet dynamo de champs magnétiques en rotation. Un champ électrique peut également se former si deux champs magnétiques de directions opposées piègent un plasma. Ces effets ne peuvent expliquer les énergies très élevées rencontrées ici.

Pour aller au-delà, on invoque les mécanismes dits « de Fermi ». De nombreuses sources potentielles peuvent être le siège de tels puissants phénomènes d'accélération. On en distingue deux modes principaux.

Le mode de second ordre est le plus simple. Une turbulence de plasma, c'est-à-dire de gaz ionisé, engendre des champs électriques aux directions aléatoires. Il existe des régions magnétisées en mouvement à la vitesse moyenne v. Si une particule chargée traverse un tel milieu avec une vitesse V, ou plutôt une énergie E, elle va diffuser. La probabilité de diffusion sur les régions de plasma arrivant vers la particule est supérieure à celle sur les régions la fuyant. L'énergie est augmentée ou diminuée suivant que v et V vont dans la même direction ou dans des directions opposées. Quand la particule quitte le plasma, après passages successifs dans des régions de vitesses opposées, son énergie est globalement augmentée et l'accélération est proportionnelle au carré de v, d'où l'appellation de mécanisme de second ordre.

Cet effet de second ordre est peu efficace parce que les interactions entre la particule et le champ parfois augmentent parfois diminuent l'énergie de la particule qui subit une sorte de marche au hasard.

Pour que le mécanisme soit plus efficace, il faut que l'énergie de la particule augmente continuellement. C'est ce qui se passe à la superficie d'une onde de choc. Ces ondes sont très communes en astrophysique, qu'elles soient dues aux explosions de supernovae, ou aux jets prenant naissance à partir des noyaux de galaxies, des microquasars, des sursauts gamma ou des formations de structures cosmologiques. Par exemple, une image de la supernova 1987A, telle qu'elle apparaît plus de quinze ans après son explosion, est montrée sur le site cfa-www.harvard.edu. Une structure en coquille est clairement visible indiquant les ondes de plasma s'étant échappées lors de l'événement. Une telle explosion produit des ondes de choc qui balaient le milieu interstellaire pendant des milliers d'années. En général, le fluide qui forme l'onde passe d'un état supersonique à un état subsonique, et les champs magnétiques sont inhomogènes. La surface des chocs sépare donc deux régions caractérisées par des vitesses différentes. Le fluide dont la vitesse et donc l'énergie cinétique décroissent voit son énergie interne croître, il se réchauffe.

Quand la particule est dans le fluide supersonique, elle se propage vers le choc par convection tout en continuant à subir la diffusion. Au contraire, la particule dans le fluide subsonique a une probabilité finie de retourner vers le choc par diffusion et d'être transportée loin du choc par convection. Une particule immergée dans un tel milieu rencontre toujours le fluide de la partie opposée se déplaçant dans la direction favorable et son énergie augmente par effet de réflexion magnétique. Globalement, la particule piégée dans une telle onde de choc peut franchir un grand nombre de fois le front de choc dans les deux sens. Le milieu choqué se comporte par rapport au milieu plus calme comme une raquette avançant à grande vitesse et sur laquelle la particule rebondit en gagnant de l'énergie à chaque aller-retour, comme la balle de tennis, la raquette étant placée au bon endroit pour la recueillir.

Au total, l'énergie de la particule varie linéairement avec la différence de vitesses entre les deux fluides, c'est le mécanisme de Fermi de premier ordre. Ce modèle donne un spectre en énergie qui reproduit assez bien les données expérimentales jusqu'à 10^{18} eV, il reste peu satisfaisant au-delà. Notons qu'il est plus facile d'accélérer des noyaux lourds par de tels mécanismes grâce à la charge augmentée des objets considérés. Les énergies les plus élevées seraient donc véhiculées par des noyaux. Pour les protons on prédit par ce processus des énergies maximales de 10^{17} eV.

Les phénomènes à l'œuvre pour atteindre les énergies encore supérieures ne sont toujours pas complètement éclaircis, mais les mécanismes violents produisant des ondes de choc sont les meilleurs candidats comme accélérateurs de rayons cosmiques, or les ondes de choc sont très présentes dans l'Univers.

De manière certaine, des monstres existent pour accélérer les particules. On en récolte leurs fruits. Par exemple on a repéré un noyau actif de galaxie consistant en un trou noir central de 100 millions de masses solaires. Une telle structure semble assez commune. Les trous noirs attirent l'imagination du public. De fait, les phénomènes astrophysiques qui leur sont associés sont spectaculaires. Ils sont omniprésents au centre des galaxies, et ils représenteraient les moteurs cachés derrière les quasars. Il y a peu de doute sur leur présence comme objets de l'astronomie, mais leur existence pose toujours des problèmes théoriques quant à la compréhension quantique des propriétés du champ gravitationnel associé. Même si le moteur n'est pas bien compris, on sait qu'un trou noir s'entoure d'un disque d'accrétion, et qu'il émet deux jets en directions opposées, de longueur pouvant atteindre le million d'années-lumière. Dans ces jets, les éjections de matière atteignant des vitesses relativistes peuvent être source d'ondes de choc accélératrices.

Les sources extrêmes du cosmos

Résumons les diverses sources qui sont potentiellement candidates pour la production de rayons cosmiques de très haute énergie. Il s'agit d'une première tentative, car, comme on va le voir, il est extrêmement difficile d'accélérer des particules jusqu'aux énergies pourtant observées et il sera délicat de satisfaire à toutes les conditions imposées par les observations.

Tout d'abord se présentent les supernovae, c'est-à-dire les explosions d'étoiles en fin de vie. Ce sont des candidats de choix pour expliquer les énergies intermédiaires. Leurs restes donnent des ondes de choc qui peuvent subsister pendant de très longues durées. On a déjà parlé de la nébuleuse du Crabe qui est le reste de la supernova de 1054, et on a donné la référence au souvenir présent de SN1987A. Les restes de supernovae s'identifient bien en émission radio ou rayons X. Ils montrent une source ponctuelle entourée de nuages présentant des arcs et des filaments de plasma diffus. On calcule que ces restes se dispersent sur une période de 40 000 ans. Grâce aux mécanismes de Fermi, on explique des accélérations pouvant atteindre quelque 10^{14} eV au niveau de leurs ondes de choc. C'est un beau résultat, il ne permet pourtant d'expliquer les énergies qu'en dessous du premier genou dans le spectre des rayons cosmiques.

Au-delà des supernovae, les modèles d'accélération sont beaucoup moins certains et demandent des ajustements pas toujours entièrement convaincants. Ainsi, on invoque une série de sites disparates : étoiles à neutrons, sources de sursauts gammas, quasars et microquasars, trous noirs mangeant une étoile compagnon, collapsars, blazars... Un phénomène semble à l'œuvre de manière assez générale, la création de jets sous l'effet de la gravitation opérant entre deux objets associés formant ce qu'on appelle une binaire. Il y a dans le ciel beaucoup de binaires, 60 % des étoiles se retrouvent en couples. Mais dans le cas qui nous intéresse, le couple serait formé d'un objet compact, trou noir ou étoile à neutrons, accompagné d'une étoile partenaire qui servirait de réserve de matière.

Détaillons par exemple le cas des noyaux actifs de galaxies, appelés en anglais Active Galactic Nuclei (AGN). Il s'agit d'une classe assez générale d'objets constitués d'un trou noir super-massif, de quelques millions à quelques milliards de masses solaires, situé au centre d'une galaxie et alimenté par un flux de matière provenant du milieu ambiant. Ce flux tourne et tombe dans le trou noir du fait de l'attraction gravitationnelle en émettant deux jets relativistes dans deux directions opposées. La présence de tels jets est caractéristique de la grande majorité des AGN. La région centrale d'un AGN correspondant au trou noir n'est jamais vue directement, mais les jets sont très bien observés en particulier en onde radio. En fait, les AGN émettent dans tout le spectre électromagnétique, ils sont très lumineux et très compacts. Ils montrent de grandes variabilités dans leurs émissions, par exemple ils peuvent envoyer dans l'espace des bouffées de rayons X qui ne durent que quelques minutes.

On ne possède encore qu'un échantillon restreint de candidats, et plusieurs modèles sont en compétition pour décrire leur comportement. On évalue leur densité à quelques dizaines d'exemplaires dans un volume de un million d'années-lumière cube. Un grand lot sera nécessaire pour pouvoir affiner les prédictions, mais la théorie nous dit déjà que tous les AGN ont même structure, et c'est l'angle de vision sous lequel nous les voyons qui cause les observations différentes. Il est facile de comprendre que les particules arrivant sur Terre seront beaucoup plus énergiques et leur flux beaucoup plus intense si les jets sont précisément dirigés dans notre direction. On appelle blazar un AGN dont l'un des jets est dirigé vers nous.

À l'intérieur des jets où sont présentes de grandes densités de particules, plusieurs types d'interactions peuvent s'envisager. Si la particule d'origine est un électron, elle produira dans la traversée du milieu des photons de haute énergie par effet de rayonnement synchrotron ou d'interaction de Compton inverse. On parle alors de mode leptonique de production des photons. Le spectre est calculable, et on a de bonnes preuves de sa vraisemblance. L'autre modèle possible s'applique quand la particule de départ est un proton. Appelé mode hadronique, il prédit la création, par interactions avec le milieu, de pions chargés ou neutres, qui donneront par désintégration des photons de haute énergie mais aussi des neutrinos, et ici la vérification expérimentale reste un objectif de la recherche à venir. Ainsi les jets de noyaux actifs de galaxie semblent pour l'heure des candidats naturels pour expliquer la production tant de protons que de photons et de neutrinos de très haute énergie.

Une telle vision des mécanismes pose encore des problèmes théoriques fondamentaux. En particulier, on ne comprend toujours pas la naissance des trous noirs supermassifs. Comment un objet peut-il grossir jusqu'à un milliard de masses solaires en un temps inférieur à l'âge connu de l'Univers ? La réponse est encore à trouver.

Quand le combustible disponible dans l'étoile associée à l'objet compact s'est réduit, l'AGN termine sa phase active, laissant derrière lui un quasar éteint. Les jets alors produits sont relativement étroits et le résultat de l'observation sur Terre dépendra encore de l'orientation des émissions par rapport à l'observateur.

Un microquasar correspond à une structure similaire mais dans ce cas le trou noir « n'atteint que » environ un million de masses solaires. C'est une version réduite des AGN qui offre l'avantage de présenter des variabilités plus élevées. Leur étude permet des contraintes sur les modèles plus facilement vérifiables puisque leur évolution est plus rapide.

Dans le foisonnant bestiaire des espaces extragalactiques, mentionnons finalement les sursauts gamma (en anglais Gamma Ray Burst, GRB). Ce sont des objets encore mystérieux qui émettent de manière transitoire des bouffées très intenses de photons. On distingue les sursauts longs qui durent quelques dizaines de secondes et les courts limités à une ou deux secondes. On a repéré de tels sursauts jusqu'à des distances correspondant à des temps cosmologiques, quand l'Univers n'avait que 10 % de l'âge actuel. Ce sont des événements remarquables qui se révèlent très complexes à interpréter. Ils montrent plusieurs phases, d'abord l'émission prompte suivie d'une émission rémanente en lumière visible ou rayons X qui peut perdurer plusieurs heures, et on vient d'observer un exemple se terminant par une explosion de supernova survenant plusieurs jours après le début de l'activité. On suspecte la coalescence d'objets compacts, en particulier deux étoiles à neutrons ou une étoile à neutrons et un trou noir, avec formation d'un trou noir final, mais la nature du moteur central est encore matière à spéculation.

Ces phénomènes se révèlent comme des sources extrêmement brillantes éclairant le milieu interstellaire. Ils résultent sur Terre en des flux qui peuvent atteindre plusieurs millions de photons par centimètre carré et seconde. Cela donne une idée du nombre de photons émis au niveau des sources extragalactiques sachant qu'elles sont très lointaines. On suppose que les cas les plus énergiques correspondent à des jets dans notre direction, sinon on ne comprendrait pas les quantités d'énergie déversées dans l'espace, cent fois supérieures à celles produites lors des explosions de supernovae. Ce domaine d'étude est en rapide évolution. On observe bon an mal an un millier de cas, et la connaissance devrait rapidement s'affiner dans les années à venir.

Par de tels types de phénomènes, les rayons cosmiques de très haute énergie peuvent être accélérés dans les régions centrales, dans les jets ou dans le disque d'accrétion. On pense pouvoir ainsi comprendre les énergies jusqu'à 10^{16} eV, c'est-à-dire la région allant presque jusqu'au deuxième genou. Les prédictions sont difficiles car pour simuler entièrement le processus il faut imaginer les champs magnétiques et électriques régnant dans un tel environnement mais aussi inclure les pertes d'énergie dues aux interactions des particules avec le milieu lui-même. Pour arriver aux énergies plus élevées, on invoque les mécanismes de Fermi dans les régions terminales des jets où les densités sont moindres et donc aussi les absorptions et où les champs magnétiques sont réduits et donc les déviations sont plus limitées. Peut-être atteint-on alors 10^{21} eV, mais cela reste à prouver.

Modèles top-down

Les modèles précédents d'accélération sont tous appelés *bottom-up*. Une particule de faible énergie est portée progressivement à très haute énergie. On a vu que de tels modèles rendent difficilement compte des énergies les plus élevées détectées à ce jour. C'est la raison pour laquelle certains théoriciens ont suggéré une possibilité peut-être plus séduisante mais complètement orthogonale à celle juste décrite.

La solution alternative plus radicale pour obtenir des particules de très haute énergie est offerte par les modèles dits *top-down* qui supposent l'existence *a priori* de particules très lourdes dites reliques ou fossiles, provenant directement du Big Bang et qui se désintègrent très lentement au cours du temps de manière à libérer encore aujourd'hui des particules de types connus, protons et antiprotons, électrons et positrons, photons ou neutrinos, dont l'énergie extrême reflète la masse de ces particules hypothétiques. On ne peut pas malgré tout inventer n'importe quoi. Par exemple les désintégrations invoquées doivent être caractérisées par un temps de vie plus long que l'âge de l'Univers, sinon, toutes les particules fossiles auraient disparu depuis longtemps. Or en physique des particules des objets très massifs se désintègrent en général très rapidement, il faut donc imaginer des règles de conservation *ad hoc* qui empêchent au premier ordre la disparition pourtant souhaitée.

De la masse se change en énergie, c'est ce que permet la relativité grâce à la formule $E = mc^2$. Ainsi un objet de masse 10^{22} à 10^{23} eV/c^2, s'il existe, peut se désintégrer en deux particules, chacune portant une énergie moitié de cette masse. De telles masses semblent monstrueuses, la particule élémentaire la plus massive connue à ce jour, celle bâtie avec le quark top possède une masse de 175 GeV/c^2. Mais il faut relativiser, 175 GeV/c^2 correspond, en unité usuelle, à $3\ 10^{-25}$ gramme, pas de quoi s'émouvoir dans le monde macroscopique et même 10^{23} eV/c^2 équivaut à 10^{-13} gramme.

De telles particules très massives pourraient aussi expliquer la masse manquante détectée dans l'Univers et sur laquelle nous aurons l'occasion de revenir, bien que les théories les plus à la mode ne favorisent pas cette solution.

Si l'hypothèse du modèle *top-down* est correcte, notre Terre étant décentrée par rapport à la galaxie, on peut imaginer que les particules de très haute énergie nous parviennent préférentiellement de la direction du centre galactique, puisque le halo de matière sombre constitué de particules massives s'y concentre par gravitation. Il faudrait donc trouver une asymétrie dans les directions d'arrivée des particules de haute énergie, ce que les données actuelles ne peuvent encore vérifier. Une autre prédiction existe : les modes de désintégration supposés préfèrent la production de γ et de neutrinos de très haute énergie plutôt que de nucléons. Si l'hypothèse *top-down* est correcte, la composante en photons et neutrinos devrait être privilégiée. Une présence anormale de photons dans le flux de très haute énergie validerait ce modèle et donnerait donc une indication essentielle sur la physique qui a pu être à l'œuvre aux premiers instants du Big Bang. On verra que les données actuelles ont de grandes difficultés pour préciser la nature des gerbes observées. Mais les premiers résultats semblent plutôt infirmer une telle hypothèse.

Plutôt que de se désintégrer, ces objets hypothétiques pourraient également s'annihiler deux à deux. Là aussi, le résultat final donne des particules de haute énergie reflétant la masse de ces objets, et les recherches ont commencé en direction des puits gravitationnels proches.

Plutôt que d'invoquer des particules super-massives, une autre hypothèse met en avant des défauts topologiques. Il s'agit de structures qui se formeraient en correspondance avec des transitions de phase. Les défauts topologiques sont distribués sur des distances cosmologiques et ne sont pas associés à des objets lumineux. Ils laisseraient comme traces de leur existence des particules de très haute énergie venant de toutes les directions. L'avenir tranchera.

L'ajustement des paramètres nécessaires pour prédire les signaux attendus par les différents modèles est difficile. On a déjà parlé de la contrainte imposée par l'âge de l'Univers. Certains modèles inventés par la théorie sont déjà exclus sur la très directe constatation des 14 milliards d'années de son existence.

Propagation et détection

> *Il regarda les étoiles comme pour leur demander conseil. Elles scintillaient, constellées ou éparses, grosses ou petites, bleues ou irisées. Soudain quelque chose vint éclipser leur scintillement. La cour, la maison et la barque furent illuminées par la trajectoire d'une flamme vive.*
>
> B. PASTERNAK, *Le Docteur Jivago*

L'accélération des rayons cosmiques reste partiellement une énigme. Un autre problème mystérieux est lié à la propagation dans l'Univers de ces particules de très haute énergie.

Tout d'abord, il existe dans l'espace des champs magnétiques aussi bien au niveau galactique qu'extragalactique. Les particules électriquement chargées subissent inéluctablement leur effet qui se traduit par une déviation lors de leur progression. C'est gênant pour remonter aux directions d'origine et donc pour révéler des sources éventuelles. En contrepartie, l'étude des directions d'arrivée sur Terre permet de mettre des contraintes sur l'intensité de ces champs magnétiques et donc de sonder la distribution de matière dans l'Univers puisque les champs magnétiques prennent leur origine dans des plasmas en mouvement. En fait, les indications sur les champs magnétiques sont encore très partielles. On pense qu'ils sont peu appréciables dans la majeure partie de l'Univers et les simulations numériques existantes varient entre des intensités de 0,1 nano-gauss et 100 nano-gauss, ce qui prouve bien les hésitations à ce sujet. Le scénario préféré retient que pour les protons de plus de 10^{19} eV, la propagation à l'intérieur de notre galaxie serait quasi rectiligne.

L'autre effet inhérent à la propagation des particules réside dans la possibilité qu'elles ont d'interagir. L'Univers n'est pas absolument vide. Même si les particules de matière habituelle sont pratiquement absentes, tout l'espace est empli d'un rayonnement diffus de photons. Ils proviennent de la lumière des étoiles, mais la contribution majeure, du moins en densité, vient directement du Big Bang. Cela constitue le fond appelé cosmologique microonde, de température 2,7 K, dont la carte a été mentionnée précédemment. En fait le nom est mal choisi puisqu'il s'agit plutôt d'ondes millimétriques. L'énergie tourne autour de 10^{-4} eV et la densité atteint 400 photons par centimètre cube au niveau de tout l'espace. Il existe également un fond de neutrinos associé également appelé cosmologique de densité et énergie équivalentes. Ces fonds, du moins celui des photons, perturbent la propagation des particules cosmiques puisque, *a priori*, des interactions mutuelles peuvent se déclencher. Il se trouve que les énergies de ces fonds étant tellement basses, seules les particules d'énergies extrêmes sont affectées dans leur propagation. Pour les autres, les espaces intersidéraux demeurent un milieu complètement transparent et ils peuvent nous parvenir des confins ultimes de l'Univers.

Au-dessus d'une énergie minimum, qu'on appelle seuil, les rayons cosmiques peuvent donc interagir avec le rayonnement fossile de sorte que leur énergic est rapidement dégradée. En conséquence, on s'attend à une coupure du flux correspondant, à partir de cette énergie critique. Qui dit probabilité d'interaction dit longueur caractéristique de propagation, et un tel effet limitera la distance sur laquelle les particules pourront voyager sans dommage. Pour les plus hautes énergies on calcule une distance de propagation maximale de l'ordre de 200 millions d'années-lumière, ce qui est faible à l'échelle de l'Univers entier, à peine plus de 1 %.

La plus ou moins grande difficulté de traverser l'espace doit donc laisser son empreinte dans le spectre recueilli au niveau de la Terre. On a souligné deux indices potentiels dans le spectre mesuré : les genoux et la cheville. On associe les genoux au champ magnétique de notre galaxie. En effet, celle-ci est siège d'un champ moyen évalué à quelques micro-gauss. Il s'étend de part et d'autre du disque galactique jusqu'à environ 3 000 années-lumière soit 3 10^{19} mètres. Les protons d'énergie inférieure à celle du premier genou restent piégés dans la galaxie. La propagation des rayons est bien décrite par une simple diffusion, le rayon de giration étant inférieur aux dimensions du domaine magnétique. Au-dessus du premier genou l'énergie est suffisante pour que les protons puissent s'échapper de la galaxie, ce qui explique la perte d'une partie d'entre eux reflétée par la pente plus abrupte. L'histoire se répète pour le second genou avec les noyaux atomiques.

C'est du moins l'hypothèse actuelle. Cela suggère que l'échantillon de particules détectées jusqu'au second genou provient de sources galactiques.

Pour les particules d'énergies très supérieures, au-dessus de la cheville, il faut imaginer une origine extragalactique. Ces considérations semblent corroborées par l'aplatissement observé au niveau de la cheville qui indique la transition entre deux régimes différents. On repousse vers les profondeurs cosmiques le questionnement sur l'origine de ce rayonnement monstrueux.

L'énigme GZK

Revenant à nouveau sur la forme du spectre des rayons cosmiques, intéressons-nous plus particulièrement à la région bien au-delà des genoux et même de la cheville visible à 10^{19} eV. C'est à partir de 5 10^{19} eV que se pose le problème de l'interaction éventuelle des rayons cosmiques avec le fond de photons dits micro-ondes qui emplit l'espace. Peu après la découverte retentissante de cette composante cosmologique, on comprit que ce rayonnement fossile du Big Bang pouvait influencer substantiellement la propagation des protons de très haute énergie, bien qu'à cette époque la confirmation ne fût encore qu'un espoir fort éloigné. En effet, les protons interagissent avec les photons, c'est bien connu aux accélérateurs. Deux canaux sont permis pour cette interaction, soit la production de paires électron-positron, soit la photoproduction de pions à travers une particule très instable appelée résonance. Mais, dans ces deux cas, les canaux ne sont ouverts qu'au-dessus d'une énergie minimale du proton à partir duquel la réaction est énergiquement possible. C'est cette énergie qu'on a appelée le seuil.

Au-dessus de 5 10^{19} eV, les protons ont suffisamment d'énergie pour interagir avec les photons. En effet, l'interaction permise produit la résonance appelée Δ, de masse égale à 1 232 MeV/c^2 et bien étudiée durant les années 1960 grâce aux expériences d'accélérateurs. Au-dessus du seuil, la réaction doit avoir lieu, car il y a suffisamment d'énergie disponible pour engendrer la masse nécessaire. Cette résonance se désintègre immédiatement en restituant un proton et un pion. Le proton n'est donc pas perdu, mais il ressort avec une énergie dégradée par rapport à celle du proton d'entrée, le reliquat d'énergie s'évacuant avec le pion.

Connaissant la densité et la distribution en énergie du fond cosmologique de 2,7 K aujourd'hui très bien mesuré, on peut calculer le parcours moyen aussi appelé longueur d'atténuation des protons relevant de cet effet. Pour une énergie inférieure à 10^{18} eV, cette longueur est supérieure aux dimensions de l'Univers. Ainsi de tels protons peuvent nous parvenir des confins extrêmes. En revanche, au-dessus de 10^{20} eV, on trouve la longueur très diminuée de 200 millions d'années-lumière. C'est la distance moyenne que peut traverser un proton en gardant toute son énergie. Pour des distances supérieures, les protons ne nous parviennent plus indemnes. Cette distance correspond à environ 1 000 fois la taille de la galaxie, une distance respectable donc, pourtant, ce n'est encore qu'une faible partie de l'Univers, environ 1 % de sa dimension totale. Ce calcul suppose que les sources sont distribuées plus ou moins uniformément à l'intérieur de l'espace.

L'effet peut être extrapolé dans les conditions extrêmes du cosmos. Or la source de type AGN la plus proche, qui peut être candidate pour permettre une accélération suffisante, dépassant cette énergie seuil, se trouve à une distance beaucoup plus grande que la longueur d'atténuation mentionnée. Les particules qui seraient détectées au-dessus de l'énergie seuil posent donc un double problème de cohérence : soit il existe des sources proches encore inconnues, soit la coupure n'est pas effective.

On s'attend donc, d'après le raisonnement classique, à trouver dans la distribution en énergie une coupure vers $5\ 10^{19}$ eV, appelée coupure GZK d'après les physiciens Greisen, Zatsepin et Kuzmin qui l'ont proposée dès 1966. Il ne s'agit pas à proprement parler d'une coupure franche mais plutôt d'une atténuation progressive du flux, d'autant plus marquée que l'énergie est élevée.

Les données expérimentales arrivent depuis peu à fournir des exemplaires de rayons cosmiques transportant de telles énergies, mais les deux expériences concurrentes capables de confirmer ou d'infirmer le phénomène sont pour l'heure en contradiction.

L'identification de cette coupure ou son absence constituerait une avancée majeure de notre compréhension des rayons cosmiques. Sa vérification assurerait l'origine extragalactique de ces rayons puisqu'ils nous parviendraient de distances très au-delà de notre galaxie. En revanche, la non-observation de cette coupure ouvrirait des perspectives nouvelles puisque cela indiquerait l'avènement d'un processus sortant de la physique standard, celle peaufinée jusqu'à aujourd'hui et jamais prise en défaut. Pour l'expliquer, on envisage en particulier une violation de principes considérés jusqu'à présent comme sacrés, par exemple le principe relativiste.

CHAPITRE 7

Les particules chargées de haute énergie

Le ciel pendant une heure paradait tout gelé d'un bout à l'autre d'écarlate en délire...

L. F. CÉLINE, *Voyage au bout de la nuit*

Une pluie drue de protons

Le ciel nous tombe en partie sur la tête sous forme de rayonnement cosmique. Celui-ci est composé en grande majorité de protons, du moins aux basses énergies où leur nature a pu être précisément identifiée. Ce sont les mêmes particules qui composent les noyaux atomiques. Cela n'a rien de magique puisque toute la matière présente dans l'Univers prend naissance au moment du Big Bang, quand seuls existent les constituants élémentaires en interaction effrénée dans une soupe super-chaude et super-dense. L'évolution d'un tel milieu a engendré tous les noyaux atomiques légers aujourd'hui présents, et la grande majorité est restée sous forme de simples protons.

Ce modèle de genèse est corroboré par les observations puisque les protons représentent 90 % du flux cosmique total reçu sur Terre. La seconde composante largement présente dans le rayonnement est constituée de noyaux d'hélium, au niveau de 10 % du flux total et donc de 25 % si on considère la masse correspondante. Ces deux éléments reflètent la proportion de matière existant dans l'Univers dans son ensemble : ils sont un témoignage du Big Bang qui leur a donné naissance, et on comprend bien ce résultat comme une conséquence des processus nucléaires à l'origine du monde actuel. Viennent ensuite, au niveau de 1 %, les électrons et positrons, puis à un pour mille les noyaux plus élaborés de carbone, azote et oxygène.

On trouve aussi des atomes plus lourds. C'est heureux, sinon le monde serait bien différent et nous n'existerions pas, mais ces atomes n'existent qu'à l'état d'infimes traces. On mesure la présence de noyaux de fer à hauteur de un pour dix mille et les actinides à un pour cent milliards. Ces noyaux lourds n'ont pas leur origine dans le Big Bang. Ils proviennent de phénomènes beaucoup plus récents. Ils ont été produits lors des processus de nucléosynthèse stellaire, c'est-à-dire dans la marmite interne des étoiles. Ces éléments sont ensuite éjectés dans l'espace au moment de la mort de leurs géniteurs et ils ensemencent ainsi l'Univers. Les noyaux jusqu'au fer sont directement produits dans le cœur des étoiles par des processus successifs de fusions. Cela s'explique très bien dans le cadre de la physique nucléaire puisque les noyaux de fer correspondent à des combinaisons très soudées de protons et de neutrons et leur production est favorisée par le bilan des énergies mises en jeu. Pour les éléments plus lourds que le fer, il faut invoquer d'autres modes de production, par exemple la neutronisation de la matière, c'est-à-dire le bombardement par des neutrons, phénomène qui peut avoir lieu dans des objets de très grande masse.

On détecte effectivement la présence de tels éléments rares dans le flux cosmique, mais on ne peut avoir d'indication sur l'origine spatiale de ces particules. Étant chargées, elles sont défléchies par les champs magnétiques rencontrés, d'autant plus fortement qu'elles sont de basse énergie. Au final, elles semblent provenir de tous les points de l'horizon. Leur distribution est donc uniforme sur la carte du ciel, on parle d'isotropisation du flux par le champ magnétique, qui en conséquence devient diffus.

Il y a très peu d'antiparticules dans le rayonnement cosmique, du moins en ce qui concerne les particules chargées d'énergies modérées, les seules identifiées à ce jour avec précision. C'est l'une des grandes énigmes de la cosmologie de comprendre pourquoi et comment les antiparticules, présentes au moment du Big Bang à hauteur comparable à celle des particules, ont disparu depuis. C'est du moins le scénario favorisé aujourd'hui. Cette énigme est l'objet d'une recherche active, et on aimerait trouver des traces d'antimatière primordiale. En fait, des antiprotons ont été repérés, on possède déjà des mesures détaillées de leur flux, mais on explique leur présence par des réactions nucléaires à partir des protons qui bombardent le milieu traversé. On dit que les antiprotons sont secondaires.

Ainsi la distribution des rayons cosmiques est interprétée comme essentiellement composée de protons. C'est une connaissance certaine car directe à basses énergies. Dès les années 1960, des mesures ont été effectuées grâce à de petits instruments embarqués dans des ballons lâchés à partir de stations spécialisées. Puis, plus récemment, vint le temps des satellites qui confirma les résultats. À haute énergie la connaissance de la nature des particules est beaucoup plus hypothétique. En effet, on a vu qu'à basses énergies, les flux sont suffisamment importants pour permettre des mesures directes dans l'espace, tandis qu'à haute énergie les flux beaucoup plus faibles rendent nécessaires des mesures au sol où les rayons cosmiques arrivent transformés durant leur traversée de l'atmosphère. Une gerbe déclenchée par un antiproton ressemble à celle venant d'un proton comme une goutte d'eau à une autre goutte d'eau, alors on ne sait faire la différence.

Pour les particules de hautes énergies, qui doivent nécessairement être mesurées sur Terre, il est même difficile de différencier un proton primaire d'un noyau ou même d'un photon portant la même énergie. Par exemple, un noyau de fer composé de 56 nucléons et animé de l'énergie totale E se différenciera très peu d'un proton de même énergie car, en première approximation, il donnera une gerbe équivalente à celle produite par 56 protons, chacun ayant l'énergie E/56. On attend, dans le cas des noyaux lourds, des gerbes plus courtes, ce qui résulte en davantage de muons que dans le cas d'un proton de même énergie totale qui interagira plus profondément dans l'atmosphère. Mais ce résultat ne s'applique qu'en moyenne et les fluctuations dans la composition des gerbes seront telles que le critère n'est pas très contraignant. Les données actuelles ne donnent pas encore une stricte différenciation entre protons et noyaux. Quant à différencier un antiproton d'un proton, cela est hors de question sans champ magnétique.

La distribution de flux des rayons cosmiques semble indiquer une connaissance aboutie du spectre des rayons cosmiques, mais il faut bien avoir à l'esprit qu'il s'agit d'un spectre inclusif qui ne distingue pas la nature des rayons détectés, du moins pour la partie à haute énergie, et c'est l'un des présents enjeux de mesurer le spectre non plus global mais détaillé, séparément pour chaque catégorie de particules.

La limitation que l'on vient d'indiquer explique pourquoi les considérations sur les structures discernables dans le spectre en énergie des rayons cosmiques restent du domaine des spéculations. L'hypothèse de transitions entre régimes galactiques et extragalactiques est plausible et conforme aux idées qu'on a des grandes structures. Il n'en reste pas moins que, pour avoir davantage de certitudes, il faut mesurer plus précisément les différentes caractéristiques des événements observés, et c'est le but de nouvelles générations d'expériences qui contribueront à affiner cette recherche au cours des années à venir. Nous allons faire la revue de quelques exemples représentatifs.

Alpha Magnetic Spectrometer (AMS)

Pour mesurer avec précision le rayonnement cosmique, et en particulier détecter les composantes minoritaires, antiprotons, noyaux ou encore photons, on a vu qu'il est essentiel de s'affranchir de l'atmosphère. On a déjà parlé de l'expérience BESS-polar. Intéressons-nous maintenant à un gros projet qui se prépare pour s'arrimer à la Station Spatiale Internationale peut-être dès 2008 nommé AMS.

Il s'agit d'un spectromètre complet, c'est-à-dire d'un dispositif muni d'un champ magnétique et de détecteurs adaptés pour reconstruire exactement les trajectoires de particules et identifier leur nature. La surface sensible atteint le mètre carré. Un champ magnétique est obligatoire pour déterminer le signe des charges des particules et permettre la discrimination entre protons et antiprotons par exemple. Le dispositif se dote d'un aimant supraconducteur afin de limiter le besoin en électricité, ce qui est un problème très contraignant dans l'espace. L'aimant produit un champ suffisamment fort pour permettre l'analyse des particules jusqu'à 50 GeV par la mesure de leur courbure. L'appareillage ressemble aux instruments qu'on installe dans les laboratoires de physique des particules. Des détecteurs de traces suivent point par point le parcours des particules, et des calorimètres permettent de confirmer les énergies et d'identifier sans ambiguïté leur identité. La caractérisation est affinée par la présence de compteurs très spécialisés, misant tour à tour sur le temps de vol, le rayonnement de transition et l'effet Cerenkov. Les mesures permettent des redondances, ce qui augmente la fiabilité du résultat par recoupement de toutes les informations recueillies. La panoplie complète des techniques d'accélérateurs est ici utilisée dans l'espace.

Un prototype moins ambitieux a déjà volé sur la navette spatiale lors d'un voyage limité à une semaine. Il a moissonné de précieux renseignements. Cette première version de l'expérience, nommée AMS1, a publié des résultats intéressants concernant en particulier les flux d'électrons et de positrons. La navette offrait déjà une capacité impressionnante de transport au niveau des masses et des volumes embarqués. De plus, la présence humaine permettant des interventions éventuelles représentait un facteur non négligeable d'assurance contre les risques de pannes. Le nouveau détecteur AMS2 se prépare pour un arrimage sur la Station Spatiale Internationale, ce qui permettra des conditions encore plus performantes et une durée beaucoup plus longue d'observation. L'expérience complète est programmée pour voler pendant plusieurs années et cela donnera la possibilité d'une étude précise des diverses composantes du flux cosmique jusqu'à des énergies de 50 GeV. En pratique, l'expérience est aussi capable de voir le passage de traces d'énergies bien supérieures, mais la courbure est alors trop faible pour pouvoir en tirer une information sur le signe des charges correspondantes. Elle pourra néanmoins donner des informations approximatives sur le flux au-delà des 50 GeV.

La question la plus fondamentale que veut résoudre AMS est à nouveau : où est passée l'antimatière de l'Univers ? Le signal d'antiprotons déjà avéré dans le flot des autres rayons cosmiques est actuellement mesuré au niveau attendu, en supposant qu'ils proviennent d'interactions de protons primaires dans le milieu traversé, en l'occurrence les immenses nuages de gaz présents au niveau des galaxies. Cette origine impose un spectre en énergie prédictible à partir du spectre connu des protons, et les résultats actuels reproduisent correctement les calculs dans la limite de leur précision. Malgré tout, l'incertitude reste encore forte. L'étude détaillée d'un échantillon plus abondant pourra donner des informations sur une éventuelle composante primaire qui démontrerait que toute l'antimatière ne s'est pas annihilée au moment du Big Bang. Ce serait une découverte majeure. La discrimination que permet l'appareillage sur la fraction d'antiprotons éventuels par rapport aux protons atteint le facteur un sur un million. L'expérience se donne aussi pour but de détecter des noyaux d'antimatière plus élaborés, en particulier l'antihélium, au niveau de sensibilité de un sur un milliard. Notons que sur Terre on ne sait fabriquer que des atomes d'antihydrogène dans lesquels un positron tourne autour d'un antiproton. C'est à ce jour l'excursion la plus évoluée dans le monde de l'antimatière réalisée par l'homme.

Au-delà de la recherche d'antimatière, l'expérience se dotera d'un dispositif spécial permettant de distinguer finement la masse atomique des éléments enregistrés. Ainsi on mesurera le rapport des flux de béryllium 10 sur béryllium 9. C'est une mesure intéressante car le temps de vie du béryllium 10 s'avère être de l'ordre de grandeur des temps caractéristiques de confinement galactique. La mesure donne des informations utiles sur les absorptions par les gaz présents dans les nuages ainsi que d'autres composantes de matière difficiles à détecter directement. Cela précisera la taille des halos gazeux entourant notre galaxie.

Malgré le progrès que représente AMS, du fait de son utilisation depuis l'espace, le détecteur est handicapé par un volume limité au mètre cube, ce qui contraint l'analyse fine à des énergies maximales de 50 GeV. Au-dessus de cette valeur, les traces peuvent être repérées jusqu'à quelques TeV, mais on ne sait évaluer leur courbure dans le champ magnétique et donc on ne peut extraire leur énergie. Il y a par ailleurs la limitation intrinsèque des expériences spatiales : les hautes énergies impliquent des flux diminués, ce qui contraint encore le domaine de recherche. Pour aller au-delà, il n'y a pas d'alternative à une expérience au sol, sachant que la précision d'une telle mesure sera beaucoup plus approximative que celle d'une recherche directe.

Kascade

Le sang de la nuit moderne est une lumière chantante. Des tatouages, elle porte des tatouages mobiles sur son sein, la nuit. Elle a des bigoudis d'étincelles.

ARAGON, *Le Paysan de Paris*

Kascade est constitué d'un réseau de petites stations de détection dispersées dans une forêt près de la ville de Karlsruhe en Allemagne. L'expérience appartient donc à la catégorie des dispositifs construits au sol. Elle est optimisée pour la détection des rayons cosmiques entre 10^{14} et quelque 10^{16} eV, c'est-à-dire la région entourant le premier genou de la distribution du flux. L'ensemble forme une matrice de détecteurs comparable aux nœuds d'un filet qui échantillonnent les particules tombant sur Terre. L'appareil est sensible à l'averse engendrée par la gerbe produite le long du passage du rayon cosmique dans l'atmosphère et qui arrive jusqu'au sol. Avec un ensemble de 37 stations, chacune couvrant 10 mètres carrés, et distantes les unes des autres de 130 mètres, l'expérience couvre une surface totale de un kilomètre carré. C'est la surface effective à travers laquelle on mesure le flux arrivant de rayons cosmiques primaires. Elle est sans commune mesure avec la superficie d'un détecteur spatial. Au centre du réseau, un appareillage compact plus élaboré complète le dispositif pour la mesure des muons.

L'instrumentation n'est pas homogène, elle peut être comparée à un tamis, et beaucoup de particules tomberont hors des mailles et donc sans être détectées. Mais le résultat s'avère suffisamment précis pour la mesure envisagée. En effet, comme il a été souligné, un rayon cosmique de haute énergie engendre dans la traversée de l'atmosphère une gerbe étendue qui peut arroser au sol de grandes surfaces d'une pluie dense de particules secondaires réparties à peu près uniformément. Une animation du développement d'une gerbe hadronique est montrée sur le site www.auger.org/photos/AnimGif.html. C'est le résultat d'une simulation détaillée sur ordinateur. Le réseau n'est actif que sur environ 3 % de la surface totale couverte, mais puisque le nombre de particules au sol est très grand, il suffit d'en détecter une faible partie pour permettre une évaluation suffisamment précise de l'énergie initialement véhiculée par le cosmique primaire. En pratique l'incertitude de mesure s'avère être de l'ordre de 30 %.

Kascade est aveugle pour les basses énergies puisque le nombre de particules atteignant le sol est alors trop réduit et n'intéresse qu'une surface médiocre. Les produits de la gerbe peuvent tomber entre deux stations consécutives et aucun signal n'est recueilli, ou bien une seule station est sollicitée, ce qui donne une information trop ténue pour être utilisable. À l'opposé, la surface totale couverte est trop petite pour espérer recueillir un échantillon significatif d'événements d'énergie supérieure à 10^{18} eV, puisqu'on attend alors une seule particule par an dont l'énergie serait très mal mesurée, l'événement n'étant pas circonscrit dans la surface totale active et une bonne part de l'énergie tombant à l'extérieur du réseau.

Ainsi le dispositif Kascade est optimisé pour la région intermédiaire des énergies située autour du genou. En particulier l'expérience cherche à affiner la composition chimique du rayonnement détecté. Comme on l'a esquissé, la composition chimique se déduit de l'altitude où se développe le maximum de la gerbe engendrée par l'interaction du rayon dans l'atmosphère. Un proton unique ayant l'énergie d'un noyau de fer tend à traverser plus profondément et donc le maximum correspondant est décalé vers le sol. Mais les fluctuations sur cette profondeur d'interaction sont du même ordre de grandeur que l'effet recherché et donc les résultats restent sujets à interprétation. L'extraction de la composition chimique demeure donc très sensible aux problèmes de reconstruction des gerbes. Néanmoins, les premiers résultats semblent indiquer un effet systématique montrant que la position du genou se déplace suivant la nature chimique du cosmique. Cette position dépend de la charge Z des noyaux détectés et s'élève en énergie quand on passe des protons aux noyaux plus lourds.

On a déjà fait remarquer que la cassure dans la distribution surnommée genou peut être associée au confinement dans le champ magnétique de la galaxie. Les particules d'énergies plus élevées sont les premières à s'échapper et donc leur flux s'en ressent. Pour une même énergie, un noyau possède une charge plus élevée qu'un proton et donc sera plus sujet au piégeage magnétique. C'est cohérent avec l'observation que le genou semble d'autant plus décalé vers les énergies supérieures, les charges des objets détectés étant plus élevées. Ainsi pour les protons, il se situe autour de 5 10^{15} eV, pour l'hélium vers 10^{16} eV et pour le fer vers 10^{17} eV. Ce résultat va dans le sens de l'interprétation proposée. Cette remarque montre donc que la part des noyaux augmente par rapport à celle des protons quand l'énergie croît. Les restes de supernovae, abondants émetteurs de noyaux de fer, pourraient alors expliquer les rayons cosmiques jusqu'à 10^{17} eV. Mais il n'existe pas encore de description cohérente précise des interactions dans l'atmosphère qui permettrait d'affiner la distinction entre les diverses composantes, et ce résultat reste préliminaire.

Kascade-Grande sera l'étape suivante envisagée pour l'expérience. Le nouveau projet couvrira plus de six fois la surface actuelle, et étendra la gamme des énergies étudiées jusqu'à 3 10^{17} eV. Le but est en particulier d'identifier le genou pour les seuls noyaux dans la région du fer. Cela conforterait l'hypothèse selon laquelle l'accélération des rayons cosmiques a lieu dans l'enveloppe des supernovae.

HiRes

Une technique différente de détection des grandes gerbes est utilisée par le dispositif HiRes (High Resolution). Elle est complémentaire de la précédente. Il s'agit ici de considérer l'atmosphère comme un calorimètre dans lequel on recherche le sillage lumineux que donne une gerbe par la lumière de fluorescence laissée sur son passage.

Quand une particule chargée traverse l'atmosphère, elle excite les molécules d'air rencontrées sur son parcours, en particulier celles d'azote. En se désexcitant, ces molécules émettent isotropiquement, c'est-à-dire dans toutes les directions, une lumière caractéristique qui se concentre dans la région des longueurs d'onde comprises entre 300 et 600 nanomètres. Elle est émise dans tout l'espace, ce qui donne l'avantage de permettre une observation « tous azimuts », mais il faut payer le prix que les photons produits se répartissent dans toutes les directions et seule une faible partie arrivera au niveau de l'appareillage disposé pour la recevoir. Les instruments de photo-détection couramment utilisés (tubes photo-multiplicateurs) sont bien adaptés pour capturer cette lumière.

Cette technique est donc réservée aux très hautes énergies pour lesquelles le nombre initial de photons créés est colossal. Pratiquement, une gerbe peut être visible à plusieurs dizaines de kilomètres de distance. Ainsi le volume sensible surveillé est très grand pour un détecteur qui reste de taille réduite. Par rapport à la technique au sol, celle-ci n'est pas limitée à la détection de la seule tranche terminale de la gerbe, celle parvenant jusqu'à terre, elle permet de la « photographier » en mesurant son profil tout le long de son développement, ce qui donne une information plus riche que celle limitée à l'arrivée des particules secondaires sur Terre. On peut donc en espérer une meilleure évaluation de l'énergie.

HiRes a maintenant terminé ses observations. L'expérience utilisa pendant plusieurs années la technique décrite au milieu d'un désert américain. Son acceptance, c'est-à-dire le volume efficace sur lequel elle se montrait sensible, était très élevée. Mais, du fait de la technique utilisée, cette acceptance présente un grave inconvénient, elle varie avec l'énergie. En effet une gerbe de plus haute énergie qui produit initialement davantage de photons est visible de plus loin. L'acceptance avoisine les 3 000 kilomètres carrés stéradians à 10^{19} eV et trois fois plus à 10^{20} eV. Précisons ici la notion d'efficacité angulaire. Le stéradian est l'unité qu'on affecte aux angles solides, l'espace complet représentant 4π stéradians. Le dispositif est aveugle pour les basses énergies si la gerbe passe trop loin de lui. Il y a donc perte relative d'événements de basse énergie. Cela montre la nécessité de bien comprendre l'efficacité de détection et donc de bien évaluer l'acceptance pour pouvoir corriger les biais afin d'extraire une mesure exacte du flux recherché. C'est le grand défi de ce type de détecteur de connaître précisément le volume effectif réellement observé.

Le résultat de HiRes est très important puisqu'il donne un premier élément de réponse quant à l'existence d'événements d'énergie extrême. En effet, il détecte effectivement des rayons cosmiques jusqu'à 10^{20} eV, et ce résultat, sur lequel on reviendra, semble valider l'existence de la coupure GZK discutée précédemment. Une claire inflexion de la distribution de flux est visible pour les énergies supérieures à quelque 10^{19} eV.

AGASA

... quinze étoiles, qui en diverses régions du ciel resplendissent d'une telle clarté qu'elle triomphe de toute densité de l'air.

DANTE, *Paradis, Chant 13*

Construit à Akeno au Japon, l'acronyme de cette nouvelle expérience signifie Akeno Giant Air Shower Array. L'expérience utilise la même technique de détection que Kascade, elle échantillonne les produits de la gerbe à l'arrivée sur terre grâce à un réseau distribué au sol. Elle est maintenant beaucoup plus étendue. Constituée de 111 détecteurs à scintillation complétés de 27 modules dotés d'un absorbant pour caractériser la fraction de muons, la distance entre deux détecteurs est de 1 kilomètre et la surface totale couverte au sol de l'ordre de 100 kilomètres carrés. Cela représente une superficie cent fois plus étendue que Kascade. L'acceptance atteint 160 km^2sr. Cela équivaut à vingt fois moins que HiRes pour des énergies supérieures à 10^{19} eV. Mais la technique utilisée par HiRes, fondée sur la détection de lumière, est limitée aux nuits sans Lune, tandis que la technique de capteurs au sol est continuellement opérante. On parle à ce sujet de cycle utile de prise de données, celui d'AGASA vaut 100 % tandis que celui de HiRes est limité à 10 % en moyenne. Le nombre d'événements recueillis en un temps donné doit refléter ces temps utiles, et les deux expériences sont à ce titre comparables. La résolution angulaire est *a priori* moins bonne que dans la technique adoptée par HiRes qui suit le profil de la gerbe dans son évolution.

Par rapport au petit frère Kascade, qui utilise un dispositif similaire, l'appareillage est plus étendu mais plus dispersé, la distance entre deux stations adjacentes étant près de dix fois supérieure. On ne peut couvrir une très grande surface avec un maillage très étroit car le prix deviendrait prohibitif. Ainsi, les énergies auxquelles le détecteur japonais est sensible sont en moyenne plus élevées que celles analysées par le dispositif allemand. En fait, le seuil en énergie minimale détectable est dicté par l'espacement des stations ; il est ici repoussé au-dessus de 10^{18} eV. Mais la plus grande surface couverte permet d'ouvrir la gamme d'étude aux énergies plus élevées. AGASA est optimisé pour les très hautes énergies, la même gamme que celle explorée par HiRes. Dans un tel type de recherche, il est toujours bénéfique d'avoir deux expériences aux techniques différentes recherchant les mêmes signaux. Cela permet une confrontation des résultats et une conclusion plus sûre.

Malheureusement pour la cohérence de la physique et la tranquillité d'esprit des physiciens, mais heureusement pour l'animation de la communauté, les deux expériences qui concourent dans la même catégorie sont contradictoires. On a dit que les données de HiRes semblent en accord avec la coupure GZK. Au contraire, AGASA revendique une dizaine d'événements au-dessus de la valeur limite et depuis plusieurs années chaque collaboration reste fermement sur ses positions.

Si AGASA est correct dans son affirmation, cela nécessiterait des sources suffisamment proches ayant amené les particules à des énergies supérieures à 10^{20} eV, mais on a vu qu'il n'existe apparemment pas de sites susceptibles de répondre aux critères nécessaires dans notre voisinage astrophysique immédiat. Alors faut-il mettre en avant une violation de certaines règles opérantes à plus basses énergies qui éviterait l'inéluctabilité ou du moins changerait les propriétés de l'interaction des protons ? Avant de spéculer, il sera bon de comprendre la contradiction entre les résultats des deux expériences.

Les données d'AGASA ne montrent aucune anisotropie à grande échelle et aucune accumulation par exemple dans le plan galactique. Les rayons de très haute énergie semblent provenir de toutes les directions de l'espace. C'est un argument fort pour supposer une origine extragalactique. En fait l'expérience dit reconstruire des concentrations dans quelques directions bien définies de visée, sous forme de doublets au nombre de cinq et même d'un triplet, c'est-à-dire qu'un point du ciel semble envoyer vers la terre trois monstrueux événements dans l'échantillon obtenu au-dessus d'une énergie de 4 10^{18} eV. Ce pourrait être le premier signe de sources ponctuelles dans l'Univers capables d'émettre de telles particules. C'est une première tentative de dresser la carte du ciel correspondant à ces énigmatiques rayons. Mais on a vu qu'admettre une telle éventualité de régions d'accélérations aussi démesurées demande encore des clarifications, d'autant que ces régions de l'espace ne correspondent pas à des émetteurs potentiels détectés dans d'autres longueurs d'onde. AGASA revendique par ailleurs un excès d'événements venant du centre galactique dans la région pour les seules énergies comprises entre 1 et 2 10^{18} eV. Mais l'effet est statistiquement très marginal et l'analyse peut être considérée comme trop partiale.

Discussion

> *... il préférait encore mille fois la naïveté d'un enfant qui croyait que les étoiles étaient des trous dans la toile du ciel, à travers lesquels transparaissait la lumière éternelle, au bavardage creux, insensé et présomptueux que commettait la science moniste en traitant de « l'Univers cosmique ».*
>
> T. MANN, *La Montagne magique*

Deux expériences se focalisant sur la même recherche ont donné des résultats contradictoires. Ce n'est pas la première fois dans l'histoire des sciences ! Dans le cas présent, HiRes et AGASA ne s'accordent pas quant au niveau de production de particules ayant des énergies de plus de 10^{19} eV. Notons bien qu'il s'agit de la queue extrême présentée sur le spectre des rayons cosmiques. En physique, les queues de distribution obtenues dans les expériences ont souvent des problèmes de compréhension. Cela s'explique par le fait que de telles régions correspondent à de maigres statistiques et toutes les erreurs de mesure s'y accumulent. Quand un spectre décroît rapidement, des événements mal mesurés « bavent » toujours vers le haut de la distribution, et donc la forme dépend entièrement de la justesse avec laquelle on évalue les précisions de mesure.

Entre HiRes et AGASA le désaccord se note par au moins deux aspects.

Dans la partie basse de la distribution, jusqu'à 5 10^{19} eV, il y a une incohérence d'un facteur deux entre les niveaux des flux reportés, AGASA mesure deux fois plus d'événements à une énergie donnée. De plus, la forme des spectres est également différente, puisque HiRes semble montrer une coupure ou du moins une atténuation franche du nombre d'événements de très hautes énergies par rapport à une simple extrapolation de la courbe, tandis que AGASA continue à mesurer des événements au-dessus de la coupure GZK. Les modèles ne sont pas de grand secours. En effet, les prédictions varient avec les hypothèses faites quant au spectre de production des rayons cosmiques au niveau de leurs sources et à la répartition de ces sources dans notre voisinage. L'effet GZK est plus ou moins accentué suivant les cas. On comprend la difficulté de définir de manière non ambiguë une coupure qui dépend de beaucoup de facteurs extérieurs.

Il n'en demeure pas moins qu'il existe à l'évidence un problème de calibration réciproque entre les deux expériences pour qui les techniques utilisées sont pratiquement orthogonales. La calibration, c'est-à-dire l'évaluation des capacités d'un détecteur à donner le résultat juste, ou si l'on préfère la fiabilité d'une mesure est toujours un problème délicat à résoudre dans une expérience d'astrophysique. Auprès des accélérateurs, il est facile de soumettre un détecteur donné à un faisceau de particules bien connues, et d'évaluer précisément son comportement. Un signal détecté pourra immédiatement être associé à une particule de type et d'énergie données. Ainsi, on connaît avec assurance le signal laissé par un proton de 100 GeV dans un calorimètre. Pour le cas qui nous intéresse ici, il est possible de soumettre certains éléments de détection à des faisceaux connus de particules, par exemple la réponse d'une station de AGASA au passage d'un muon peut être étudiée auprès d'un accélérateur, mais le résultat ne peut que rester très parcellaire, car il n'y a pas de faisceau-test d'énergies comparables à celles étudiées dans le présent cas, et les résultats dépendent de programmes de simulation informatique très sophistiqués, censés décrire le développement de la gerbe dans l'atmosphère dans ses moindres détails. On incorpore dans la simulation toutes les informations existant sur les processus en jeu, mais il est obligatoire de les extrapoler dans des régions où les modèles ne sont pas entièrement validés et c'est là où l'incertitude s'insinue. L'extrapolation est d'autant plus hasardeuse que les énergies s'éloignent du domaine bien balisé des accélérateurs et ici on demande de faire un saut de huit ordres de grandeur au moins !

Ainsi, il suffit de supposer que AGASA surestime systématiquement de 30 % les énergies mesurées, hypothèse tout à fait plausible à l'aune des connaissances actuelles, pour aboutir à des spectres qui ne sont pas en flagrante contradiction quant aux niveaux de flux observés.

La différence dans la forme de la distribution et le nombre d'événements mesurés au-dessus de la coupure GZK sont plus troublants, car il faut tenir compte d'erreurs systématiques, c'est-à-dire inhérentes à la technique utilisée, très différentes dans le cas des deux expériences. Quant aux erreurs statistiques qui dépendent du nombre d'événements enregistrés, elles sont encore grandes puisque seule une poignée d'événements est en discussion.

Du point de vue strictement statistique, il est trop tôt pour affirmer catégoriquement une contradiction évidente entre les deux mesures. Et comme souvent en physique expérimentale, quand survient une situation de conflit peu claire que les esprits les plus téméraires tendent à pousser en avant, et les plus timorés à cacher sous l'ample manteau des incertitudes, le problème est soumis à l'évaluation d'une prochaine expérience cumulant les avantages d'une plus grande statistique et d'une meilleure précision de mesure.

L'observatoire Auger

La clé pour aller de l'avant et résoudre le dilemme posé est d'augmenter substantiellement la statistique. C'est au prix d'un échantillon plus nourri d'événements qu'on pourra progresser quant à l'origine et aux propriétés de ces particules mystérieuses et de leurs sources éventuelles.

Dans ce but se construit un dispositif encore beaucoup plus ambitieux que tout ce qui a existé jusqu'à présent. Nommé en l'honneur du physicien français pionnier des grandes gerbes cosmiques, l'observatoire Pierre Auger est situé au milieu de la pampa argentine. Le principe reste le même que celui utilisé par Kascade ou AGASA, mais la taille en est grandement accrue. Pas moins de 1 600 stations individuelles seront réparties en un maillage couvrant 3 000 kilomètres carrés. Cette superficie représente une acceptance de 7 000 km^2sr, 45 fois supérieure à celle d'AGASA. Par rapport à HiRes, le gain semble moins remarquable, mais rappelons que la technique de détection fondée sur la lumière n'est opérante qu'environ 10 % du temps puisque la lumière ambiante d'une nuit avec Lune est trop intense et détruirait les tubes photomultiplicateurs permettant la détection ultime des événements.

Les stations sont distantes les unes des autres de 1,5 kilomètre. Chaque station est constituée d'une cuve étanche et obscure ayant 2 mètres de diamètre et contenant 10 000 litres d'eau. Pourquoi de l'eau ? Tout d'abord, l'eau représente un milieu bon marché, et puis, les particules traversant ce milieu transparent produiront une lumière caractéristique qui sera captée grâce à deux tubes photomultiplicateurs fichés dans le réservoir. Cette lumière provient de l'effet appelé Cerenkov qu'on décrira plus en détail par la suite.

Chaque station est équipée d'un panneau solaire qui pourvoit aux besoins électriques et d'une antenne permettant la transmission sans fil des données vers une station centrale. Les éléments du dispositif sont donc tous autonomes, ce qui est essentiel dans un vaste pays surtout peuplé de vaches broutant l'herbe alentour.

Les cuves échantillonnent la densité des particules secondaires arrivant au sol. Le front de l'onde correspondant atteint presque simultanément des cuves voisines. Une légère différence entre les temps d'arrivée permet de calculer la direction d'incidence du rayon responsable.

Par rapport à Kascade ou AGASA, la distance accrue entre stations limitera l'observation à des énergies supérieures à 10^{18} eV. Mais la couverture totale très agrandie permet de pousser la détection jusqu'à des énergies de 10^{20} eV et au-delà. On a déjà indiqué que le flux de particules attendu à ces énergies extrêmes correspond à environ un exemplaire par kilomètre carré et par siècle. Ainsi l'observatoire Auger peut espérer mesurer plusieurs dizaines de tels événements exceptionnels chaque année. C'est à mettre en regard avec la statistique actuelle qui se limite à une poignée de candidats mal reconstruits et obtenue sur une durée de plus de dix ans.

Une gerbe atmosphérique déclenchée par un proton de 10^{19} eV engendre un nombre gigantesque de particules secondaires. Le résultat d'une simulation obtenue en incluant toutes les connaissances actuelles de propagation et d'interaction des diverses particules indique qu'à de telles énergies, la gerbe contient, dans la pluie arrivant au niveau du sol, de l'ordre de 100 milliards de particules terminales arrosant une surface couvrant une vingtaine de kilomètres carrés. Tout le centre de Paris, de la gare du Nord à la place Montparnasse en serait affecté. En fait, un tel phénomène a effectivement lieu et ce qui est en question demeure sa fréquence qu'on a évaluée à une fois par siècle mais qui doit être précisée. Faut-il ajouter que cette pluie est sans dommage pour le confort des habitants qui la subissent. Si le proton est moins énergique, par exemple s'il est doté de 1 TeV, énergie juste accessible aux accélérateurs, la gerbe n'engendrera en comparaison que 100 000 particules secondaires tombant sur une superficie de 150 m par 150 m. Au mieux une seule des stations d'Auger en est affectée, ce qui est trop aléatoire pour former un signal significatif. Cela explique le seuil minimum de détection de l'expérience poussé vers les très hautes énergies.

La pluie de particules chargées arrivant au sol est composée à 90 % d'électrons et de positrons, le reste étant constitué de muons. Les muons proviennent de la désintégration de pions chargés nés dans la gerbe, tandis que les électrons et positrons sont le fruit de la matérialisation de photons, eux-mêmes issus de la désintégration de pions neutres. Les cuves permettent en principe de distinguer entre ces deux types de particules, ce qui représente un avantage certain quant à la distinction de la nature du cosmique primaire puisqu'on suppose que les noyaux lourds engendrent un pourcentage accru de muons.

L'avantage d'Auger réside dans une statistique très augmentée, mais aussi dans la présence concomitante de détecteurs de lumière, utilisant la technique illustrée par

HiRes. En parallèle à la détection au sol, l'expérience pourra observer les gerbes, pendant les nuits sans Lune, grâce à trois télescopes optiques de grand champ capables de détecter la lumière de fluorescence émise lors de la traversée de l'atmosphère. La présence du rayon cosmique est donc espionnée de deux manières différentes : à la fois son passage dans l'atmosphère et son arrivée au sol. Cela permet des recoupements par la combinaison des deux informations. En particulier, l'information au sol définit la position de la gerbe et donc l'information de la lumière n'est plus entachée de l'incertitude sur l'évaluation de la distance au détecteur qui limitait le résultat d'HiRes. On espère ainsi éviter les problèmes de calibration, frein évident au progrès de la connaissance actuelle. Cette double indication devrait résoudre le problème de la différence entre les deux expériences antérieures. La cohérence espérée ne sera malheureusement effective que pour 10 % des événements, ceux obtenus pendant les seules périodes où la lumière de fluorescence peut être recherchée. Malgré cette contrainte, la concordance devrait suffire pour valider les deux techniques, l'une confrontée à l'autre, et Auger devrait trancher de manière non ambiguë entre les résultats contradictoires concernant la coupure GZK.

Les résultats préliminaires commencent à être disponibles. Ils montrent une différence d'estimation de l'énergie par les deux méthodes pour un rayon cosmique donné, et cela doit encore être clarifié. En règle générale, on attend de la fluorescence des informations plus sûres car globalement l'effet est moins sensible aux hypothèses sur le développement de la gerbe.

Non seulement la double mesure des gerbes permet d'améliorer les estimations d'énergie, elle permet aussi d'affiner les mesures de direction d'arrivée. Les événements seulement détectés par le réseau au sol reconstruisent la direction de visée par considérations temporelles à un degré près, ceux doublement détectés pointent vers leur point d'origine à 0,18 degré près. C'est évidemment crucial pour la recherche de sources ponctuelles productrices de tels rayons.

L'expérience est encore incomplète, mais elle a déjà dépassé en extension l'étendue d'AGASA. À la fin de 2006, 70 % du réseau est en fonctionnement. Des photos du dispositif se trouvent sur le site www.auger.org/photos/gallery.html. L'expérience étant modulaire, dès qu'un sous-ensemble de stations est installé, on peut enregistrer des résultats partiels, et Auger a déjà observé ses premières gerbes s'étendant sur de vastes territoires. Le détecteur devrait être complété dans le courant de 2007 et on attend environ 1 500 événements au-dessus de l'énergie critique de 4 10^{19} eV après cinq années d'exploitation continue.

Les résultats déjà obtenus éclairent le problème sans encore trancher. Avec plusieurs milliers d'événements accumulés au-dessus de 3 10^{18} eV, dont plusieurs centaines au-dessus de 10^{19} eV, et une résolution angulaire atteignant le degré, le ciel reste isotrope aux petites échelles et aucune structure n'est visible jusqu'à ce jour dans le plan galactique. En particulier, la direction du centre galactique ne montre aucune augmentation significative de la statistique. Le nombre d'événements accumulés est déjà comparable à celui obtenu par AGASA et le résultat semble ne pas confirmer l'accumulation revendiquée par l'expérience japonaise. La statistique est encore trop faible pour se prononcer sans ambiguïté au sujet de la coupure GZK.

L'observatoire Auger devrait pouvoir distinguer entre un proton et un noyau plus lourd, un proton donnant une gerbe montrant comparativement peu de muons. Il pourra également discriminer entre un proton et un photon qui donne des gerbes plus compactes commençant plus bas dans l'atmosphère. Un signal de photons serait un test des modèles *top-down*. L'expérience donne une première indication, les rayons cosmiques de très haute énergie ne présentent pas une composante dominante de photons, et cela permet d'éliminer certains modèles théoriques qui prédisaient une telle éventualité.

Une seconde phase de l'expérience est en discussion. Elle se donne pour tâche de doubler le dispositif actuel grâce à un compagnon construit aux États-Unis. Le site a déjà été choisi dans l'État du Colorado. En effet l'expérience argentine n'est capable d'observer que le ciel de l'hémisphère Sud puisque la Terre lui cache l'autre versant de la voûte céleste. Comme dans toutes les explorations astronomiques, il sera bon de posséder à terme une couverture complète des cieux, et pour cela on ne peut faire l'économie d'un détecteur cousin situé dans l'hémisphère Nord.

EUSO

À la tombée de la nuit, elle vit s'entrecroiser dans le ciel, rapides et étincelants, ces disques lumineux semblables à des étoiles filantes, et pensa que c'était signe de mort.

GARCÍA MÁRQUEZ, *Cent Ans de solitude*

La recherche est condamnée à faire constamment la course en avant, et pour aller encore au-delà de l'acceptance atteinte par l'observatoire Auger, il faut penser à une technique diverse car il est difficile d'envisager un dispositif au sol couvrant 30 000 kilomètres carrés, l'équivalent de cinq départements français. L'idée a été avancée d'envoyer un détecteur dans l'espace pour de telles mesures.

On a vu que l'espace limitait les ambitions aux seules basses énergies. Pourtant un concept nouveau est suggéré dans le cadre du projet EUSO acronyme de Extreme Universe Space Observatory. Ce projet utilise la technique de HiRes de détection des gerbes par la lumière de fluorescence émise lors du passage dans l'atmosphère, mais l'observation se fait à partir d'un détecteur envoyé en orbite, plus concrètement, arrimé à la Station Spatiale Internationale, déjà occupé par AMS, du moins à partir de 2008. Le télescope accroché à la station qui vole à 400 kilomètres d'altitude, est un gros œil braqué sur la planète, non pour espionner une quelconque activité humaine, mais pour observer l'activité cosmique dans le miroir de l'atmosphère.

À très haute énergie, la lumière de fluorescence est si intense que le nombre de photons émis le long de la gerbe est suffisamment élevé pour que la trace soit visible depuis une très grande distance. Une trace chargée émet environ cent photons par mètre dans la traversée de l'atmosphère. Comme on l'a vu, la gerbe peut contenir des milliards de particules secondaires. Cela donne une idée de la quantité totale de lumière produite. Cette lumière est émise isotropiquement, c'est-à-dire dans toutes les directions, un détecteur peut donc observer de n'importe quel point de visée. Pour calculer le flux utile arrivant sur le télescope, il suffit de considérer l'angle solide couvert par le dispositif. C'est là où EUSO innove. L'expérience propose un télescope de grande ouverture atteignant 60 degrés au total. Les calculs détaillés montrent qu'un tel appareillage volant à 400 kilomètres peut repérer des gerbes striant l'atmosphère placé juste en-dessous de sa position dès que leur énergie dépasse quelque 10^{19} eV.

Le détecteur est donc un simple télescope spatial optique pointé vers le nadir, c'est-à-dire vers le centre de la Terre. Il est facile de calculer qu'avec un angle d'ouverture de 60 degrés, la portion de surface terrestre observée d'une altitude de 400 kilomètres avoisine 200 000 kilomètres carrés. C'est presque la moitié de la superficie française ! De nouveau, la technique n'est opérable que pendant les nuits sans Lune, c'est-à-dire qu'elle n'est efficace que pendant 10 % du temps. Attention, une nuit sur la Station Spatiale dure 45 minutes, mais en contrepartie elle se renouvelle 18 fois toutes les 24 heures. Au final, le gain par rapport à Auger est de 5 à 10 suivant l'énergie considérée, la technique étant d'autant plus performante que l'énergie est élevée. En fait, le seuil minimum s'avère être proche de la coupure GZK et donc EUSO semble optimisé pour les événements existant au-delà de cette énergie couperet.

La technique d'observation est conceptuellement élégante, mais la pratique n'est pas aisée car les fonds parasites sont abondants. L'appareil optique déclenche sous l'effet de toute la lumière ambiante, or, sans parler de la lumière artificielle éclairant les agglomérations survolées, il existe un niveau de bruit minimum qu'on appelle le « fond de nuit obscure ». Il correspond à un flux diffus de photons venant des étoiles. Ce flux est toujours présent, même par une nuit sans Lune, même au-dessus des océans. Il avoisine les 1 000 photons lumineux tombant sur chaque mètre carré pendant chaque nanoseconde.

Sachant que l'ouverture de l'appareillage doit être aussi large que possible pour bénéficier de la grande acceptance invoquée, et la nanoseconde étant la limite pratique inférieure de sensibilité pour les dispositifs photosensibles, le problème est évident. Sur une surface d'ouverture du télescope de 5 mètres carrés il arrive en permanence de l'ordre de 5 000 photons chaque nanoseconde. Cette pluie lumineuse constante peut facilement noyer le signal recherché. La solution à ce problème consiste à multiplier le nombre de capteurs indépendants. On en projette de l'ordre de 200 000, chacun observant un kilomètre carré de la surface de la Terre. Ainsi, les 5 000 coups parasites se répartissent aléatoirement parmi les 200 000 capteurs, tandis que la trace d'un signal effectif allume des capteurs consécutifs reconstruisant une trajectoire droite, image de la gerbe dans le plan du télescope. Ce problème de fond lumineux affectait déjà les performances de HiRes, mais il devient prépondérant dans le cas d'EUSO à cause de la très grande acceptance considérée.

EUSO permettra peut-être un jour d'ouvrir le domaine d'exploration jusqu'à 10^{21} eV. Même en cas de coupure GZK effective, la sensibilité est suffisante pour espérer mettre en évidence des sources relativement proches, qu'on suppose présentes dans notre voisinage, à des distances inférieures aux parcours d'atténuation des rayons possédant ces énergies ultimes. Ce serait le point de départ d'une véritable astronomie des sources de rayons cosmiques d'énergie extrême.

Le volume d'atmosphère observé est également énorme. Il atteint plusieurs millions de kilomètres cubes, ce qui correspond à une masse totale de quelques millions de mégatonnes ! C'est un avantage certain pour la détection de neutrinos, eux aussi dotés d'énergies supérieures à la coupure GZK, puisque dans ce cas le facteur déterminant est la masse totale d'atmosphère observée. Le cas des neutrinos sera détaillé plus tard.

Un ciel encore bien étriqué

Le ciel fait de l'économie ; il a éteint toutes ses chandelles.

W. SHAKESPEARE, *Macbeth*

Le chapitre qui s'achève a décrit les recherches dans le domaine des rayons cosmiques primaires chargés. Une particule portant une charge électrique s'incurve dans un champ magnétique. Elle perd donc l'information permettant de remonter à sa direction d'origine. Or l'espace est empli de champs magnétiques. On a parlé du champ galactique évalué en moyenne à quelques micro-gauss et qui présente de grandes fluctuations locales. La valeur est très faible, mais sur des parcours atteignant les milliers d'années-lumière caractéristiques des tailles galactiques, cela est suffisant pour que la trajectoire des particules soit très déviée. Du moins, cette remarque s'applique-t-elle aux énergies modérées puisque la courbure magnétique est inversement proportionnelle à l'énergie de la particule considérée. Les champs magnétiques extragalactiques sont quant à eux pratiquement inconnus.

En fait, comme on l'a déjà fait remarquer, on tente d'expliquer le genou de la distribution en énergie des rayons cosmiques par un effet magnétique : en dessous de cette énergie les particules restent piégées dans notre galaxie, elles tournent sans espoir de s'échapper, on parle de confinement. Si l'hypothèse se confirme, il faudra en conclure que les rayons cosmiques d'énergie inférieure au genou ont une origine galactique, ils sont nés dans des sources de la Voie lactée. Aux énergies très élevées, la déviation de la trajectoire due aux champs magnétiques devient moins problématique, dans la mesure où l'origine du rayon n'est pas trop lointaine. Pour des énergies de 10^{20} eV, la profondeur d'observation sur laquelle la courbure magnétique ne perturbe pas trop la reconstruction de la direction avoisine le million d'années-lumière. À ces énergies, on est capable de reconstruire avec suffisamment de précision la direction d'origine dans la limite de cette distance maximale. C'est déjà un beau champ d'investigation et cela ouvre la voie d'une astronomie des sources de particules chargées.

Des émetteurs relativement proches devraient donc nous envoyer des protons de haute énergie reconstruisant des directions bien individualisées. Nous n'en sommes pas encore là, mais AGASA, qui déclare détecter des « doublets » et même un « triplet », c'est-à-dire une accumulation de trois rayons cosmiques semblant venir d'une même direction, annonce peut-être le début de cette nouvelle astronomie. Malgré tout, la carte du ciel en rayons chargés est encore très pauvre, et ce sera le but d'Auger de l'enrichir. Pour le moment, il ne confirme guère AGASA. Peut-être faudra-t-il attendre une génération encore successive d'expériences pour enfin accéder à cette nouvelle carte du ciel.

CHAPITRE 8

Les photons de haute énergie

Les photons de haute énergie ne représentent qu'une part infime du flux de rayons cosmiques, du moins à basse énergie, là où il est possible de les distinguer des hadrons avec assurance, mais de par l'absence de charge électrique, ils ont l'avantage de reconstruire la direction d'objets émetteurs ponctuels puisque leur parcours n'est pas perturbé par la présence de champs magnétiques comme c'est le cas des particules chargées. C'est donc une contrainte forte pour leur sélection. Par ailleurs, ils sont stables et facilement détectables. Ils présentent beaucoup d'avantages pour une exploration fine du ciel, mais ils demandent une détection adaptée.

Les photons de haute énergie donnent donc accès à une nouvelle astronomie. En fait, il faut s'entendre sur le terme « haute énergie ». EGRET a cartographié le ciel avec 350 sources dans le domaine du MeV, dont 250 ne sont pas perçues en lumière visible. C'est une gamme de haute énergie, comparée à celle de l'astronomie optique classique ou même à celle des rayons X. C'est très faible comparé aux énergies du TeV aujourd'hui mesurables. Dans ce domaine, la moisson est beaucoup moins abondante, mais la poignée de candidats à disposition augmente rapidement grâce à la mise en service récente d'appareillages ambitieux d'un nouveau genre.

Les sources de rayons γ

Ces petites pointes de lumière givrée, infiniment lointaines, attiraient et retenaient leurs regards...

V. WOOLF, *La Traversée des apparences*

Des rayons γ de haute énergie sillonnent les espaces intersidéraux, puisque des détecteurs les mettent en évidence. Ces photons peuvent provenir de sources ponctuelles, ils peuvent aussi constituer un rayonnement diffus, c'est-à-dire semblant venir de n'importe quelle direction. On peut imaginer plusieurs contributions à ce rayonnement diffus. Il peut s'agir de la superposition de sources ponctuelles non résolues du fait de la limitation des appareils de mesure disponibles, et cela devrait se résoudre avec l'avènement de détecteurs plus précis. Le rayonnement peut aussi indiquer l'émission provenant de sources étendues. Par exemple, on peut imaginer l'interaction de particules cosmiques chargées dans la traversée de nuages de gaz, ou avec le fond cosmologique. Une possibilité plus spéculative propose une émission à partir de particules super-massives produites lors du Big Bang selon les modèles *top-down*.

Nous nous intéresserons dans ce qui suit aux sources ponctuelles puisque ce sont elles qui donneront une information sur des phénomènes stellaires, et cela constitue la seule composante qu'on sache bien mettre en évidence expérimentalement à l'heure actuelle.

Comme pour les protons de très haute énergie, il faut invoquer des phénomènes d'accélération pour expliquer l'existence de tels photons de haute énergie. Certes, les photons eux-mêmes ne peuvent être accélérés puisqu'ils ne portent pas de charge électrique, mais ils proviennent de particules chargées qui elles doivent être très énergiques. On a déjà esquissé le scénario dans notre galaxie, l'accélération de particules chargées peut avoir lieu grâce à l'onde de choc d'un reste de supernova. Un tel objet est constitué de couches de gaz en expansion rapide provenant d'une étoile ayant explosé, et ces couches permettent des accélérations efficaces. Et de fait, un tel mécanisme est à l'œuvre dans la nébuleuse du Crabe, qui n'est rien d'autre que le reste de la supernova de 1054, puisque cet objet est la première source bien établie de photons de haute énergie. C'est depuis le Crabe qu'on a observé les premiers photons atteignant le TeV dès 1989. Il s'agit d'un émetteur continu, ce qui lui confère le statut de source de référence pour ce type de recherches. Ce reste de supernova est devenu une « bougie standard » qu'on utilise pour la calibration des nouvelles expériences. On les confronte d'abord au Crabe dont on connaît assez exactement le flux et la distribution en énergie, afin d'en évaluer les performances.

D'autres sources potentielles existent. On peut citer l'émission par des pulsars qui sont des étoiles à neutron en rotation rapide, et plusieurs exemples ont été répertoriés par le satellite EGRET dans le cas des énergies intermédiaires, une cinquantaine d'objets a déjà été identifiée. Certaines sources sont extragalactiques, elles brillent hors de la Voie lactée. Elles dominent le ciel au-dessus de

100 MeV. Elles scintillent comme de véritables phares dans les milieux intergalactiques, mais ces sources se révèlent très variables au cours du temps.

L'accélération a toujours lieu au niveau des particules chargées, et des photons de 10 TeV, comme ceux déjà observés, supposent l'existence d'un électron ou d'un proton de 100 TeV en moyenne capable de leur donner naissance. En effet, les photons ne sont pas primaires dans l'enchaînement des phénomènes. Pour produire des photons de haute énergie, il faut partir soit d'électrons soit de protons accélérés et transférer une partie de l'énergie au photon final. Deux mécanismes sont mis en avant pour justifier ces phénomènes, les mécanismes dits leptoniques d'une part, hadroniques d'autre part.

Les mécanismes leptoniques sont confinés dans des échanges entre les seules particules « électromagnétiques », c'est-à-dire les leptons chargés, électrons et positrons, et les photons. Un jet d'électrons incident sur un plasma pourra engendrer le rayonnement dit de freinage en créant un photon qui emporte en moyenne la moitié de l'énergie de l'électron émetteur. Autre processus leptonique invoqué, la diffusion Compton inverse qui consiste en une diffusion élastique entre un électron énergique et un photon du milieu traversé. Cela permet également de transférer à des photons une partie de l'énergie des électrons de haute énergie. Un autre phénomène est possible en présence de champs magnétiques, un électron voit sa trajectoire se courber et il émet en parallèle des photons par le rayonnement appelé synchrotron, mais l'énergie transférée au photon est relativement faible dans ce dernier cas.

Les mécanismes hadroniques débutent à partir de protons accélérés. Ces protons interagissent dans le plasma traversé en créant des pions tant chargés que neutres, et les pions neutres se désintègrent presque immédiatement en deux photons portant en moyenne la moitié de l'énergie du pion qui leur a donné naissance.

Les spectres en énergie des photons obtenus dans chacun des deux processus sont différents en forme. Au vu des données actuelles, aucun modèle n'est exclu et probablement la nature joue sur les deux possibilités.

Au contraire du premier mécanisme, le mécanisme hadronique n'est plus confiné aux particules électromagnétiques et il pourra produire, en bout de chaîne, non seulement des photons de haute énergie mais aussi des neutrinos d'énergie comparable. En effet les protons produisent tout autant des pions chargés que des pions neutres, en pratique deux pions chargés pour un neutre, du moins c'est la proportion mesurée auprès des accélérateurs. Les pions neutres émettent des photons tandis que les pions chargés émettent des neutrinos par leur désintégration. Si la filière hadronique est réalisée, on s'attend donc à un flux de neutrinos accompagnant le flux de photons. Cette possibilité est à l'origine d'énormes projets de détection de neutrinos dont on parlera plus loin.

Au-delà du spectre en énergie, détecter des neutrinos sera donc le critère pour comprendre l'origine des photons cosmiques de très haute énergie. Les neutrinos ont par ailleurs des qualités intrinsèques qui en font des messagers célestes de choix, ils sont plus efficaces que les photons pour donner des informations sur les parties denses et donc opaques existant au cœur des noyaux actifs de galaxie. En effet tout modèle d'accélération doit tenir compte de l'absorption des particules dans le milieu même qui les engendre. On verra plus tard les problèmes très spécifiques posés par l'observation des neutrinos.

Les mesures spatiales

L'astronomie des hautes énergies (hautes énergies pour l'époque) s'est amorcée dans les années 1970 avec les résultats des premiers satellites consacrés à la détection du rayonnement γ.

Les photons ne subissent pas l'interaction nucléaire qui lie entre eux les hadrons. Leur probabilité d'interaction avec la matière est donc beaucoup plus faible que celle des protons : des photons traversent la matière plus aisément et permettent de scruter le ciel plus profondément. À nouveau, ces certitudes proviennent directement de la physique des particules, et soulignent le lien qui existe entre l'étude précise des comportements d'objets de l'infiniment petit et la nouvelle exploration de l'Univers. Si les photons peuvent traverser davantage de matière sans être affectés, ils traversent davantage d'espace dans l'Univers et donnent des informations sur des structures plus compactes et plus lointaines.

Mais les techniques spatiales, comme dans le cas des particules chargées, sont limitées par la taille envisageable des détecteurs. Un photon de 100 GeV est tellement rare qu'il faut imaginer des instruments de dizaines de mètres de diamètre pour espérer en observer quelques-uns dans un temps réaliste d'observation. Du moins, cela est vérifié quand la mesure n'est pas très précise. En revanche, l'avantage d'une mesure spatiale est d'être directe et donc de permettre une étude plus fine des particules recherchées. Comme pour les hadrons, l'énergie est le critère premier d'une détection dans l'espace. La technique reste inégalée pour le domaine d'observation confiné aux énergies relativement faibles et de nouveaux projets ambitieux sont en développement. Mais pour les énergies supérieures, on ne peut faire l'économie de mesures effectuées depuis le sol. Avec la technologie actuelle, la frontière se situe vers 10 GeV, au-dessous, les mesures se font en satellites, au-dessus elles se réalisent grâce à des télescopes terrestres. Mais on verra que cette frontière se déplace et l'ambition de la prochaine génération de détecteurs spatiaux est précisément de repousser substantiellement cette énergie seuil.

De nombreux satellites ont sillonné les cieux à la recherche de rayonnement gamma. On a parlé plusieurs fois d'EGRET dont la surface effective avoisinait 0,1 m^2. Un exemple plus récent est l'expérience Intégral qui représente un gros progrès par rapport à la situation antérieure. Un résultat inattendu d'Intégral provient de la détection de photons d'énergie 511 keV en provenance de la direction du centre galactique avec une émission dominée par l'ensemble du bulbe. Le flux est abondant, il avoisine un photon à la minute sur 10 centimètres carrés de surface sensible. On ne s'attendait pas à un taux aussi élevé. Cette énergie particulière est caractéristique de la présence de positrons qui s'annihilent avec des électrons du milieu rencontré. Ainsi le signal indique une surprenante émission de positrons. Plusieurs hypothèses sont proposées. Les positrons pourraient provenir d'éléments radioactifs tels que l'azote 13 ou le nickel 57, produits lors d'explosion de supernovae. Une origine plus aguichante mais plus énigmatique est aussi suggérée en termes de particules nouvelles expliquant la masse manquante qui se seraient accumulées au centre de la galaxie. Ce modèle ne manque pas d'originalité, il n'est pas celui privilégié pour le moment.

Le futur est déjà balisé, et prochainement, une expérience très ambitieuse sera en opération. GLAST (Gamma Large Acceptance Space Telescope) est prévue pour un lancement en 2007. Elle pourra détecter des photons ayant des énergies comprises entre 30 MeV et 300 GeV, mesurées avec une très bonne résolution angulaire. Elle permettra donc d'étudier directement des sources ponctuelles. Cette gamme d'énergies beaucoup plus élevées que lors des recherches précédentes dans l'espace aidera à combler le trou qui existe actuellement entre les expériences spatiales et celles effectuées au sol. En effet, il était difficile jusqu'à présent d'étudier la région entre quelques GeV et 100 GeV, car les satellites antérieurs avaient déjà perdu leur sensibilité du fait des flux très diminués et les télescopes au sol descendent difficilement dans cette gamme d'énergie car la lumière reçue n'est pas suffisante. Or cette région est importante car elle raccorde les mesures déjà existantes au-dessous et au-dessus. Les modèles leptoniques et hadroniques discutés précédemment prédisent des comportements différents du spectre dans cette région charnière. Ce sera l'un des buts de GLAST de combler cette lacune et de décider entre les deux modèles.

Les gerbes électromagnétiques

> *De muets éclairs ouvraient encore les cieux dans l'orient, et sur les nuages du couchant, trois soleils brillaient ensemble.*
>
> CHATEAUBRIAND, *Atala*

Aux hautes énergies, l'atmosphère est de nouveau mise à contribution. Comme dans le cas des protons, un photon de haute énergie pénétrant dans l'atmosphère subit une suite d'interactions, il se multiplie en une avalanche de particules secondaires regroupées en une gerbe cette fois appelée électromagnétique.

On a déjà décrit les gerbes hadroniques engendrées par les protons. Ces gerbes sont dictées par les propriétés des interactions nucléaires et parmi les particules secondaires, on retrouve toute la gamme des particules produites aux accélérateurs, même les plus exotiques et les plus fugaces.

Dans le cas d'un photon d'énergie suffisante, on parle de gerbe électromagnétique car le processus reste confiné entre particules qui « communiquent » facilement : photons d'un côté, électrons et positrons de l'autre. Partant d'un photon d'énergie supérieure à quelques MeV, le premier processus mis en jeu est sa matérialisation, c'est-à-dire sa conversion en une paire électron-positron dans le champ coulombien d'un noyau. Ce processus est bien connu au laboratoire. Il est justifié par la théorie de la relativité qui permet une conversion entre un grain de pure énergie, le photon, et de la masse qui se manifeste par la création de matière apparaissant selon les règles de la physique des particules sous la forme d'une paire électron-positron. À très haute énergie, il est possible de créer des paires plus diversifiées de particule-antiparticule, par exemple muon-antimuon, mais les électrons-positrons sont de beaucoup les plus probables du fait des faibles masses mises en jeu. Cette matérialisation s'effectue en moyenne après une longueur d'atmosphère (à pression normale) de 300 mètres. Cette longueur caractéristique est appelée longueur de radiation.

Après cette première étape, électrons et positrons interagissent à leur tour rapidement pour chacun rayonner un photon appelé de freinage après une longueur typique valant encore 300 mètres en moyenne. Là aussi le photon ainsi produit emporte la moitié de l'énergie de la particule qui l'engendre.

Le processus se continue en une avalanche caractéristique. À chaque étape, tous les 300 mètres environ, le nombre de particules en jeu est multiplié par deux, tandis que l'énergie de chacun des participants est divisée par deux. La dégradation en énergie est rapide. Le résultat global de l'avalanche consiste en la gerbe électromagnétique, le processus de multiplication se poursuivant jusqu'à ce que l'énergie des particules résiduelles tombe en-dessous d'une valeur critique abaissée au MeV, suffisamment faible pour que la probabilité des processus précédents diminue et que l'absorption soit complétée par ionisation du gaz traversé. Les positrons résiduels s'annihilent avec des électrons ambiants rencontrés sur leur passage.

Ainsi, un photon initial d'énergie 1 TeV engendre une gerbe se développant sur une vingtaine de longueurs de radiation, c'est-à-dire une dizaine de kilomètres (la longueur de radiation est supérieure à 300 mètres dans les parties supérieures de l'atmosphère où la densité est plus faible). Le maximum de la gerbe se situe à environ 15 kilomètres d'altitude quand elle a déjà traversé une dizaine de longueurs de radiation. Les petites déviations subies par les électrons et positrons dans leurs interactions avec les atomes du milieu élargissent progressivement la gerbe. Toutefois, la distribution latérale moyenne garde une symétrie de révolution autour de la direction incidente, et l'information de l'origine spatiale est conservée. Une gerbe hadronique, conditionnée par les interactions nucléaires, montre un développement beaucoup plus aléatoire et la symétrie de révolution est en général perdue. Les gerbes hadroniques ont par ailleurs des formes plus larges.

Une gerbe électromagnétique diffère donc d'une gerbe hadronique par sa grande régularité démontrée par une meilleure symétrie de révolution ainsi que sa plus faible largeur. Une gerbe hadronique fluctue beaucoup plus et montre une forme plus trapue. Ces critères seront utilisés pour distinguer les deux types de gerbes et ainsi remonter à la particule initiale, qu'il s'agisse d'un photon ou d'un hadron. Du fait de ses propriétés plus favorables, une gerbe électromagnétique reproduit de manière plus fidèle les caractéristiques du photon qui lui a donné naissance, cela permet d'évaluer avec plus de précision l'énergie et la direction de la particule initiale.

Pour extraire les caractéristiques du photon à partir du développement de la gerbe dans l'atmosphère, il faut s'aider d'un modèle d'atmosphère suffisamment précis incorporant les profils de pression, de température et de densité en fonction de l'altitude. Les simulations montrent que la gerbe débute à 20 kilomètres et s'achève à 5 kilomètres d'altitude. Seule la lumière secondaire va atteindre le sol. En première approximation ces caractéristiques varient peu avec les énergies, du moins dans la gamme considérée ici. Les énergies vont se lire directement dans la mesure de la densité de lumière recueillie sur la surface du télescope.

La lumière Cerenkov

— Tentée de regarder les étoiles ? dit le vieillard, tournant le télescope vers Elsbeth.
— Cela ne vous rend pas mélancolique, monsieur, de regarder les étoiles ?
— Mélancolique ? Et pourquoi ? Pas un instant, mon Dieu, non.

V. WOOLF, *La Chambre de Jacob*

Il n'est pas question d'enregistrer les particules présentes dans la gerbe puisque celles-ci, électrons, positrons et photons secondaires n'arrivent pas jusqu'au sol. Dans le cas des hadrons de très haute énergie cela était possible, car alors la gerbe produite s'allongeait beaucoup plus. Dans le cas présent, il est nécessaire de s'appuyer sur un signal différent. La technique la plus heureuse utilisée par les télescopes au sol repose sur l'effet Cerenkov. C'est le phénomène engendré par des particules chargées qui se propagent dans un milieu à une vitesse supérieure à celle de la lumière.

La vitesse de la lumière, appelée communément c, est une vitesse extrême, infranchissable. C'est le fondement même de la théorie de la relativité qui l'a instituée comme une grandeur fondamentale, une constante de la physique, et toutes les données actuelles corroborent ce fait. Mais on parle ici de la vitesse dans le vide qui égale 299 792 km/s. Dans un milieu autre que le vide, la vitesse de la lumière est inférieure à cette valeur. Par exemple, dans l'eau, elle tombe à 220 000 km/s, et une particule accélérée peut aisément se propager animée d'une vitesse supérieure. Ce sera facilement le cas pour les électrons et les positrons.

Quand une particule chargée se propage dans un milieu transparent plus rapidement que la lumière, elle émet, tout au long de son parcours, une onde lumineuse sur un cône axé le long de sa direction de propagation. L'ouverture du cône dépend de l'énergie et du milieu considérés. C'est l'effet appelé Cerenkov du nom du physicien russe qui a le premier mis en évidence ce phénomène. L'effet est bien connu auprès des réacteurs nucléaires. Il donne une couleur bleutée à l'eau de confinement qu'on accumule pour arrêter les électrons produits au cours des réactions nucléaires. Une énergie de 1 MeV, accessible dans le phénomène naturel de la radioactivité, est suffisant pour qu'un électron se propage dans l'eau à une vitesse supérieure à celle de la lumière, et donc soit à même de donner cette lumière Cerenkov.

Dans l'air, les énergies nécessaires sont plus élevées car la lumière s'y propage presque à la vitesse atteinte dans le vide, à quelques millièmes près. Un électron doit avoir plus de 20 MeV pour donner l'effet recherché. C'est facilement vérifié par les électrons et positrons produits dans les gerbes engendrées à partir de photons de très haute énergie. En conséquence, ils produiront de la lumière sur la plus grande partie de leur parcours. L'émission est très rapide, tout arrive au sol en moins de 5 nanosecondes. Comme pour la fluorescence, l'émission privilégie les basses longueurs d'onde, la gamme de l'ultraviolet. Mais il faut tenir compte de l'absorption par l'atmosphère, et le résultat donne la nuance bleutée dont on a parlé. Au contraire de la fluorescence l'émission est directionnelle, elle s'effectue le long de la trajectoire des particules émettrices, et donc dans la direction de la gerbe. Quand le milieu traversé est l'atmosphère, l'angle d'ouverture du cône produit avoisine le degré. La lumière est donc très colimatée.

La cascade se perçoit comme une étoile filante dans la gamme de lumière Cerenkov, résultant en un éclair de lumière bleutée. C'est une sorte d'écho atmosphérique du photon qui a frappé le sommet de l'atmosphère. La gerbe ayant son maximum vers 15 kilomètres au-dessus du sol, et l'angle d'ouverture étant voisin du degré, on reçoit donc un arrosage de lumière sur un disque de 250 mètres de diamètre environ, soit unc surfacc dc quelques hectares.

Si l'information recueillie est suffisamment détaillée, on peut reconstruire la direction d'origine avec une grande précision puisque la gerbe a une forme très régulière. Par ailleurs, on sait évaluer l'énergie contenue dans la gerbe, elle est directement proportionnelle au nombre de photons

Cerenkov arrivant au sol. En pratique, un photon de 1 TeV bombardant le sommet de l'atmosphère donne trois millions de photons visibles résultant en 100 photons par mètre carré dont une partie pourra être enregistrée. Pour un photon de 100 GeV le signal est dix fois plus faible, quelque 10 photons arrivent au sol sur chaque mètre carré et la détection en devient plus difficile. Il faut donc de grands miroirs collectant les photons et les dirigeant vers des détecteurs très rapides équipés de l'électronique adaptée. Cela explique que plus l'énergie est faible, plus la détection devient difficile.

Le front d'onde est cohérent et conique, il traverse en très peu de temps, quelques nanosecondes, ce qui permet d'éliminer les fonds parasites. Comme on l'a dit, le flux de lumière recueillie est proportionnelle à l'énergie initiale du photon, et permet de la mesurer. En revanche, la taille de la tache varie peu avec l'énergie initiale. Cela reflète la forme de la gerbe qui est pratiquement inchangée dans la gamme des énergies explorées.

Les propriétés de cohérence spatio-temporelle du front d'onde à l'arrivée sur Terre permettent d'avoir recours à des techniques éprouvées de reconstruction. Deux méthodes de détection ont été utilisées : soit l'échantillonnage du front d'onde par mesures temporelles, soit l'imagerie, technique aujourd'hui la plus répandue.

Notons que des hadrons peuvent également émettre la lumière Cerenkov, ne serait-ce que par la composante en électrons et positrons présente dans la gerbe hadronique. Or les hadrons sont beaucoup plus abondants que les photons dans le rayonnement cosmique. Mais en pratique, du fait de leurs masses très supérieures à celle des électrons, la lumière directe des hadrons est éteinte pour des énergies inférieures à 50 GeV. Cela réduit le fond hadronique considérablement. Par ailleurs les hadrons dotés de ces énergies ne peuvent reconstruire une direction d'émission dans le ciel à cause de la présence de champs magnétiques. On pourra donc évaluer leur contribution, qui constitue un bruit affectant le signal recherché, en mesurant le flux correspondant à une direction légèrement décalée par rapport à la source.

La première génération de télescopes au sol

Plusieurs télescopes ont été construits dans les années 1990 utilisant la technique juste décrite pour détecter des signaux de photons de haute énergie. Nous prendrons comme exemple CAT (Cerenkov Array at Themis) assemblé dans une vallée des Pyrénées près de Font-Romeu, sur le site de l'ancienne centrale solaire de Thémis, à l'altitude de 1 650 mètres.

Comme dans toutes ces recherches, la difficulté vient dans l'extraction d'un signal ténu naissant au milieu d'un bruit de fond surabondant.

Il existe dans cette recherche deux fonds parasites très différents qui rendent difficiles les mesures, l'un qu'on peut qualifier de structurel et l'autre de conjoncturel. Le premier provient du fond du ciel qui n'est jamais absolument sombre et envoie constamment des photons dans toutes les directions, à hauteur d'un millier environ par mètre carré stéradian et nanoseconde. Ainsi, un « œil » unique ouvert sur un grand angle de vision serait toujours ébloui et ne distinguerait aucun signal. On a déjà rencontré ce handicap dans le cas du projet EUSO. Pour rechercher des sources, il s'agit ici de profiter au mieux des propriétés de la lumière Cerenkov qui émet un signal synchrone dans une direction bien déterminée. Cet avantage sera mis à profit grâce à l'utilisation d'une caméra très rapide permettant de n'analyser qu'une durée très courte d'arrivée du signal, de l'ordre de la nanoseconde. Pour que le bruit diffus soit acceptable, il faut utiliser un détecteur muni d'un grand nombre d'yeux indépendants, chacun ne couvrant qu'une infime partie de l'angle solide observé. C'est sur ce mode que fonctionne la rétine de l'œil humain riche d'environ 150 millions de cellules. Ne pouvant multiplier outre mesure le nombre de capteurs, les télescopes se limitent en général à un champ de vue minuscule ne permettant d'examiner à la fois qu'une mince région du ciel. Sonder l'ensemble du ciel demandera donc de pointer successivement le télescope vers des directions variées, ce qui prendra beaucoup de temps pour une exploration complète.

Le second bruit inhérent à une telle mesure provient du flux de rayons cosmiques chargés beaucoup plus abondants que celui des photons de haute énergie et qu'il faudra rejeter sur des critères robustes et sûrs. On a vu que le fait de se restreindre à la lumière Cerenkov diminue substantiellement le fond dû aux hadrons. Un autre moyen de lutter contre ce bruit est d'utiliser la méthode qualifiée de on-off. Une source ponctuelle donne des photons qui reconstruisent une direction fixe, alors que les hadrons semblent venir de toutes les directions puisqu'ils sont sujets aux déviations magnétiques. Ainsi le vrai signal sera extrait d'une distribution en soustrayant sous le pic attendu, qui indique la source recherchée, les événements reconstruisant des directions légèrement différentes.

En résumé, pour lutter contre le fond du ciel il faut un détecteur suffisamment segmenté mais également très rapide, et pour lutter contre les cosmiques chargés, il faut une information sur la forme de la gerbe et sur sa direction. Cette technique fondée sur la détection de la lumière Cerenkov a amplement prouvé son succès.

CAT bénéficiait de miroirs couvrant une surface de 5 mètres de diamètre. Le dispositif intégrait donc la lumière sur un total de 16 mètres carrés. Cette surface totale couverte par les miroirs définissait le seuil bas de détection à environ 200 GeV. Au-dessous de cette énergie le flux incident de photons Cerenkov n'est pas suffisant pour qu'on soit capable d'extraire un signal. Les photons étaient focalisés vers un ensemble de 546 tubes photomultiplicateurs disposés dans le plan focal des miroirs. Appelée imagerie, cette technique projette la gerbe sur le plan focal, donnant la direction grâce à l'axe reconstruit. L'énergie se déduit à partir du nombre total de photons recueillis.

Une autre technique existe, elle mesure les temps d'arrivée au niveau de compteurs répartis au sol et disposés à l'intérieur de la tache Cerenkov. C'est ce qu'on appelle l'échantillonnage du front d'onde. La direction de la gerbe est alors reconstruite par les différences de temps des signaux obtenus dans les nombreux capteurs, mais au total la précision obtenue s'avère moins bonne.

La première génération de télescopes Cerenkov a observé le ciel pendant une dizaine d'années, dans la gamme d'énergie couvrant entre 200 GeV et 20 TeV. Les instruments avaient un angle d'ouverture tel que le champ de vue atteignait 3 degrés, c'est-à-dire quelques diamètres apparents de la Lune ou du Soleil. La résolution angulaire était de 0,14 degré, ce qu'on vérifiait par le transit d'étoiles, et la résolution en énergie, c'est-à-dire la précision sur sa mesure, atteignait 20 %.

Les instruments de cette génération ont étudié essentiellement trois sources, une galactique, la nébuleuse du Crabe, située « dans notre banlieue » à 6 000 années-lumière, et deux extragalactiques appelées Markarian qui sont identifiées comme étant des AGN.

Le Crabe, observé à de nombreuses reprises, possède la propriété de ne présenter aucune variabilité reconnue dans le temps. Cela fait qu'il a été choisi comme chandelle standard. Les autres sources observées ont au contraire permis de prouver la très grande variabilité de certains de ces objets dont le flux peut fluctuer d'un ordre de grandeur ou plus d'une heure à l'autre. Incidemment, une fluctuation sur une heure signifie que l'objet a une taille inférieure à une heure-lumière.

Du fait d'une sensibilité réduite, cette génération d'instruments n'affiche qu'une moisson limitée dans le décompte de sources découvertes comme des points sans structures dans le ciel.

Pour obtenir un catalogue intéressant pour l'astronomie, c'est-à-dire pour enrichir la carte du ciel en détectant d'autres sources moins intenses, il faut pouvoir bénéficier de détecteurs plus sensibles, capables d'analyser un flux diminué de photons. Cela oblige à augmenter la surface de collection du télescope et en conséquence à « pixelliser » plus finement le plan focal, en multipliant le nombre de canaux de lecture. Pour descendre le seuil jusqu'à 20 GeV, on peut calculer que les mêmes performances seraient obtenues avec une surface de 1 600 mètres carrés. Par ailleurs, si l'on veut révéler la structure éventuelle de ces objets, les télescopes doivent démontrer une résolution angulaire beaucoup plus fine. Voilà résumées les deux améliorations apportées par la nouvelle génération d'instruments.

Le télescope Hess

Mon guide me dit : « Mon fils, que regardes-tu là-haut ? » Je lui répondis : « Ces trois flambeaux qui embrasent ici le pôle tout entier. »

DANTE, *Purgatoire, Chant 8*

Avec seulement trois sources identifiées, le ciel était encore bien pauvre à l'aube du XXIe siècle dans la gamme d'énergie discutée. Cela résultait de la faible sensibilité des appareillages disponibles, conséquence de la maigreur des flux de photons qui sont très difficiles à identifier avec assurance quand on ne recueille que quelques exemplaires par heure et par mètre carré.

Après la génération pionnière, d'autres télescopes plus performants ont été construits, aux États-Unis, aux Açores, en Australie. Au début de 2004, la moisson s'était enrichie puisqu'on comptait déjà 7 sources établies.

La nouvelle génération de télescopes accroît la sensibilité des mesures tout d'abord en augmentant la surface de collection. En parallèle, elle étend la fenêtre couverte en énergie. On est aujourd'hui sensible aux photons d'une gamme d'énergies comprises entre un minimum de 50 GeV et un maximum de 50 TeV. Le signal du Crabe, sur lequel CAT devait observer pendant des nuits entières pour recueillir suffisamment d'informations, s'extrait maintenant en quelques minutes. Corrélativement, une longue observation permet d'étudier la structure même des sources qui peuvent ne plus apparaître ponctuelles.

HESS (High Energy Stereoscopic System), nommé en hommage au pionnier Victor Hess, est le plus accompli des télescopes de nouvelle génération. Il a permis dans sa première année d'exploitation, non seulement de découvrir plusieurs sources auparavant inconnues, mais aussi d'étudier la morphologie de sources déjà connues. Il reconstruit les photons au-dessus de 100 GeV avec une sensibilité et une précision inégalées. Notons que l'évaluation de l'énergie du photon initial nécessite une simulation poussée. Aujourd'hui, les données et la simulation sont en accord à 20 % près, cela indique la bonne compréhension des processus à l'œuvre et le degré de précision acquis quant aux énergies reconstruites.

L'appareil est assemblé sur un plateau désertique de la Namibie, à 1 800 mètres d'altitude. C'est un endroit chéri par les astronomes pour ses cieux clairs et sombres. Situé dans l'hémisphère Sud, la localisation permet de pointer vers le centre de notre galaxie qui est *a priori* une région favorable, suspectée cacher des accélérateurs cosmiques très puissants tels que des restes de supernovae, des pulsars et bien sûr le trou noir massif central.

L'expérience est menée par une collaboration essentiellement européenne. Le dispositif est composé d'un ensemble de quatre télescopes indépendants, situés au sommet d'un carré de 120 mètres de côté. Chaque miroir a 107 mètres carrés de surface, c'est-à-dire 12 mètres de diamètre, et comporte 382 facettes. Un total de 960 pixels enregistrent la lumière. Les caméras doivent être soutenues à 15 mètres de distance des miroirs. Le fait de disposer de quatre instruments travaillant indépendamment en visant le même point dans le ciel permet une vision stéréoscopique qui donne une image tridimensionnelle par la comparaison des différentes informations, au même titre que nos deux yeux nous donnent la faculté d'évaluer les provenances. Cette caractéristique permet d'éliminer très efficacement le bruit de fond ; elle améliore également grandement la mesure des énergies et des directions.

Grâce à la finesse de grains des images et à l'observation stéréoscopique, les caméras électroniques ultrarapides reconstruisent quatre vues de la même gerbe et par là évaluent la direction d'arrivée à 0,1 degré près. Le nombre de photons recueillis est converti en une mesure d'énergie précise à 15 % près. Ce résultat est bien meilleur que celui obtenu en satellites, du moins avec les télescopes existant à l'heure actuelle. L'extraction d'une source sur le fond de cosmiques chargés se fait en soustrayant au pic représentant la source, la distribution de signaux décalés en direction. Avantage supplémentaire, une visée de HESS couvre un angle d'ouverture de 5 degrés soit une région du ciel trois fois plus étendue que précédemment. La recherche de nouvelles sources en est d'autant facilitée.

À la différence des photons, les muons donnent des traces arrivant jusqu'au sol puisque les muons sont peu absorbés dans la traversée de l'atmosphère. Eux aussi produisent une émission Cerenkov qui se répartit tout le long de leur trajectoire. Cela résulte, sur le plan focal des instruments, en des cercles caractéristiques qui servent à vérifier le bon fonctionnement du système. HESS est même capable de reconnaître un muon associé à une gerbe hadronique.

L'expérience a déjà obtenu de très beaux résultats et a donné lieu à plusieurs communiqués de presse. Après seulement deux années d'utilisation, elle a observé plus de dix sources, six galactiques et cinq extragalactiques. L'une des premières contributions notables fut de cartographier le plan galactique et en particulier de photographier le centre galactique en émission de photons de très haute énergie, et la surprise fut totale. Permettant d'ausculter, avec une précision dix fois meilleure que précédemment, cette région très étroite du ciel, une analyse fine du centre de notre galaxie indique qu'il est bien émetteur de photons de haute énergie sans variabilité évidente, mais la cartographie indique à 1 TeV huit sources individuelles étendues voisines du centre. Ce centre, lui-même invisible, ce qui est cohérent avec la notion de trou noir, est appelé Sagittaire A*, parce qu'il est situé dans la direction de la constellation du Sagittaire. Six de ces émetteurs sont déjà attribués à des objets rayonnant à d'autres énergies et vus précédemment par EGRET, mais deux sources se révèlent sans contrepartie dans d'autres longueurs d'onde. C'est un mystère d'expliquer ces résultats. On voit sur la carte deux points identifiés qui semblent reliés par un pont. Une telle recherche permet des excursions dans la poésie puisque l'une des sources est déclarée « tangente au bras de Norma ». Le site ej.iop.org/links montre l'ensemble des sources détectées par HESS avec, en particulier, le centre galactique et tous ses acteurs. Par comparaison, la carte obtenue par EGRET, riche de 70 sources, se limitait à la région très différente entre 20 keV et 8 MeV. La carte est suffisamment fine pour pouvoir individualiser une source secondaire proche du centre galactique dans le même champ de vision.

Les associations avec des objets découverts dans d'autres longueurs d'onde ne sont pas toujours uniques. Peut-être observe-t-on l'interaction de rayons cosmiques accélérés avec les nuages moléculaires présents dans cette région centrale. Certains modèles proposés commencent à être exclus par les données. Par exemple, on imaginait une concentration de matière noire dans cette région très dense sous la forme hypothétique de particules prédites par les théories de la supersymétrie. Ces particules appelées neutralinos sont leurs propres antiparticules et donc peuvent s'annihiler deux à deux pour produire des photons. Cette hypothèse est rejetée. Pour la sauver, il faudrait envisager pour ces particules une masse supérieure à 8 TeV, ce qui est peu vraisemblable dans le cadre de la théorie. Quant au spectre en énergie, la décroissance s'avère en E^{-2} compatible avec les mécanismes d'accélération de Fermi, et les sources semblent stables dans le temps.

Un autre résultat marquant consiste en l'image d'une supernova avec un anneau de photons provenant de la coquille entourant l'étoile explosée. Cela prouve que les ondes de choc résultant des supernovae et qui balayent le milieu interstellaire pendant des milliers d'années peuvent accélérer les particules jusqu'à de très hautes énergies. L'astronomie de haute énergie apporte la confirmation directe que les restes de supernovae représentent les principaux sièges d'accélération pour les énergies jusqu'à 10^{14} eV. L'accord concernant la pente du spectre mesuré avec l'explication en faveur des accélérations par choc est satisfaisant et donc justifie l'hypothèse.

Toujours au sein de notre galaxie, un type nouveau et inattendu de source a été identifié. Il est interprété comme un pulsar binaire, c'est-à-dire un système où une étoile normale accompagne un objet compact, que ce soit un trou noir ou une étoile à neutrons. Les deux objets sont en orbite l'un autour de l'autre. L'objet compact attire la matière de l'étoile qui tombe en décrivant une spirale. La matière est ensuite expulsée sous forme de jets qui se déplacent à des vitesses atteignant « seulement » 20 % de c. Les rayons finalement détectés seraient produits dans ces jets. Précédemment, il existait déjà une dizaine de tels couples détectés dans notre galaxie, mais ils n'étaient vus que par l'émission en ondes radio ou X.

Dans le domaine extragalactique quatre nouveaux AGN ont été découverts. HESS a pu analyser une radiogalaxie au centre de l'amas de la Vierge. Le résultat attribue au centre de cette galaxie une masse de quelques milliards de masses solaires. L'expérience observe les points chauds sièges de processus d'accélérations, mais il est encore trop tôt pour conclure sur une origine leptonique ou hadronique des photons observés. Connaissant la distance de cette galaxie, environ 50 millions d'années-lumière, il est aussi possible de vérifier les hypothèses d'absorption dans le milieu traversé. Il faudra davantage de données pour tirer une conclusion.

La carte du ciel en émetteurs de haute énergie s'est donc beaucoup enrichie au cours de ces dernières années. Quelques dizaines de sources sont maintenant identifiées, et ce nombre devrait bientôt atteindre le millier avec l'avènement du satellite GLAST optimisé pour la région comprise entre 30 MeV et 300 GeV.

On a parlé du trou d'observation concernant la détection des photons entre 10 et 100 GeV. Il sera en bonne partie couvert par GLAST, mais HESS2 est aussi en préparation pour combler depuis le haut cette lacune. On espère étendre le domaine d'observation vers les basses énergies jusqu'à 20 GeV. Ce résultat sera obtenu avec un très grand télescope de 28 mètres de diamètre complétant le dispositif actuel. Cela présente l'intérêt évident de permettre un recouvrement avec les études en satellite bientôt ouvertes grâce à GLAST. Dans quelques années, il sera ainsi possible de bénéficier d'une couverture totale du ciel en photons, depuis les énergies les plus faibles et jusqu'aux énergies supérieures à 100 TeV, en n'oubliant pas l'étroite fenêtre correspondant à la lumière visible. Des thèmes importants de recherche pourront ainsi être approfondis, en particulier la nature des sources non encore identifiées. Les rôles des divers accélérateurs cosmiques devraient donc être rapidement précisés.

Le futur devrait également voir le développement de télescopes suffisamment légers pour pouvoir pointer rapidement vers des sources brèves. Cela est motivé par l'énigme des sursauts gamma détectés dans d'autres longueurs d'onde grâce à la seule observation par satellites. Cette information devrait éclairer d'un jour nouveau les mécanismes à l'œuvre dans ces objets monstrueux encore très mystérieux.

Des photons énergiques pour la cosmologie

... en haut, dans l'espace du monde, des soleils blancs tournoyaient en sifflant.

R. MUSIL, *Trois Femmes*

On vient de décrire comment s'effectue la détection expérimentale de photons de haute énergie. Des sources lointaines se révèlent par cette observation. Il est possible de mesurer indépendamment leur distance en analysant les autres émissions des mêmes sources en lumière visible. Ainsi on peut sélectionner un lot de photons énergiques dont on connaît la provenance, on sait donc quelles régions d'espace ils ont franchies. Cela permet un sondage précis du milieu traversé. Les photons énergiques donnent un coup de bistouri dans la profondeur du cosmos. Or les photons sont absorbés dans la traversée d'un milieu, au même titre que les protons d'énergies extrêmes affectés par la coupure GZK. Le cas des photons visibles arrêtés dans la matière opaque donne un exemple d'application journalière. De même, dans les espaces du cosmos, les photons ne traversent pas toujours indemnes les distances sidérales. Les calculs montrent que, pour les énergies approchant 10^{15} eV, les photons s'arrêteront sur des distances galactiques à cause des fonds cosmologiques toujours présents. Pour les énergies autour de 10^{12} eV, les parcours seront beaucoup plus longs. Limités par le fond infrarouge baignant tout l'espace, par ailleurs très mal connu, les parcours pourront atteindre des distances de l'ordre de 10 % de la taille de l'Univers. L'hypothèse la plus plausible est de supposer l'absorption provenant de la réaction avec les photons du fond interstellaire :

$$\gamma + \gamma \Rightarrow e^+ + e^-$$

En étudiant cette réaction, on trouve que le maximum de la probabilité d'interaction (qu'on appelle section efficace) est obtenu juste au-dessus du seuil autorisant la production de la paire électron-positron. Le calcul confirme que, pour les énergies détectées aujourd'hui, l'absorption est partout dominée par le fond non pas micro-onde cosmologique qui subsiste depuis le Big Bang, celui responsable de la coupure GZK pour les hadrons, mais par le fond infrarouge provenant de la lumière produite par les étoiles naissantes à l'époque de la formation des galaxies et qui donne un bain diffus emplissant tout l'Univers. Sa densité accompagne *a priori* la répartition de matière manquante dans l'Univers. On calcule ainsi une profondeur optique ou longueur d'atténuation d'environ un milliard d'années-lumière dans le cas d'un photon de 1 TeV.

Dans une telle recherche, connaissant la distance parcourue par les photons détectés, il faut deviner le spectre initial des photons au moment de leur production pour évaluer les absorptions, qui elles sont calculables par la théorie en fonction des énergies. Il est donc nécessaire de connaître les processus d'émission et de faire des hypothèses sur les moteurs à l'origine de l'émission des photons pour pouvoir fixer les spectres. La partie à basse énergie non affectée par l'absorption donnera un bras de levier aux estimations. Dans ce domaine, les connaissances sont encore très préliminaires. Un nouveau blazar découvert par HESS, un système binaire associant un trou noir supermassif et une étoile telle que l'axe des jets résultant est proche de la ligne de visée, montre un spectre beaucoup plus pentu que ceux observés pour les blazars découverts antérieurement. Cela suggère une forte atténuation. L'observation de nombreux blazars, situés à des distances différentes de nous, devrait permettre un jour de mieux évaluer le fond diffus infrarouge extragalactique. C'est une des clefs pour comprendre la formation des galaxies.

Comme nous l'avons discuté, deux modèles possibles expliquent la production de photons de haute énergie : la filière leptonique et la filière hadronique. Sur la moisson de sources repérées par EGRET, seulement une poignée, dont le Crabe, a été observée à l'énergie du TeV. La non-détection des autres sources peut signifier que les photons ont été absorbés lors de leur voyage. Rappelons que le Crabe appartient à notre galaxie, tandis que les autres sources considérées sont extragalactiques et donc correspondent à des parcours beaucoup plus grands.

Les données actuelles se limitent à fixer une valeur supérieure à la densité de lumière infrarouge. Cette mesure est importante car elle pourrait donner des informations sur le type d'objets formant la masse manquante. Les données sont encore trop parcellaires pour conclure. Encore ici il faudra attendre davantage de résultats pour valider les hypothèses.

Le même phénomène d'absorption donne également une information sur d'éventuels nuages de gaz très difficiles à détecter directement et là aussi des premiers résultats commencent à être publiés.

Au-delà de cette étude permise par les photons de haute énergie, un autre aspect cosmologique éclairé par cette recherche vient de la désintégration de l'hypothétique matière noire. On a déjà parlé de particules supermassives, fossiles parvenus du Big Bang, on a également parlé de défauts topologiques. Ces modèles peuvent être mis à l'épreuve par la présence de photons très énergiques. Divers scénarios existent. On peut rechercher des photons montrant une raie d'énergie fixe. Mais alors un tel signal proviendrait de toutes les directions de l'Univers, ce qui rend difficile l'observation. Si les désintégrations reflètent le profil de masse manquante, on attend un flux provenant de régions denses de l'Univers. Dans le cas où la particule de masse manquante est sa propre antiparticule, la signature est plus simple puisque l'énergie emportée par le photon doit reproduire directement la masse des particules mères et provenir de régions favorisées. Le sujet sera développé plus longuement par la suite. On a vu que cette dernière hypothèse n'est pour le moment pas privilégiée par les premières données recueillies.

CHAPITRE 9

Les neutrinos

... le livre s'émiette en molécules et en atomes, passant entre les atomes du ciment armé, se décomposant en électrons, neutrons et neutrinos, particules élémentaires de plus en plus subtiles.

I. CALVINO, *Si par une nuit d'hiver un voyageur*

Le Prix Nobel de physique a couronné en 2002, pour moitié, l'avènement de l'astronomie des neutrinos, l'autre moitié récompensant les premiers pas de l'astronomie en rayons X.

On a déjà parlé de neutrinos plusieurs fois au cours de cet ouvrage. Pour faire progresser l'astroparticule, ils offrent bien des attraits. Sans charge électrique et présentant des probabilités d'interactions tout à fait minuscules, ils voyagent en ligne droite sans être entravés par des absorptions ou des dégradations dans le milieu traversé. Ce sont donc des messagers fidèles qui ne se perdent pas en route. Particules très subtiles, elles peuvent traverser des distances sans commune mesure avec celles permises aux autres particules. Les neutrinos sont donc *a priori* témoins potentiels de phénomènes qui peuvent provenir des confins extrêmes de l'Univers. On peut les qualifier d'astroparticules par excellence.

Des particules très spéciales

Résumons à nouveau les avantages des neutrinos quand il s'agit de sonder l'Univers. On a vu que les particules chargées, protons ou noyaux atomiques, non seulement sont déviées par les champs magnétiques, mais elles ne peuvent se propager sur des distances très grandes sans être absorbées, c'est la conséquence de l'effet GZK. Elles donnent donc de l'Univers une image plutôt floue et pour le seul espace réduit à quelque 100 millions d'années-lumière dans le cas des très rares rayons les plus énergiques.

Les photons de haute énergie eux-mêmes interagissent sur des distances petites par rapport aux dimensions du cosmos, essentiellement arrêtés par le fond infrarouge intergalactique. Bien sûr, les photons visibles traversent tout l'espace sans être absorbés, mais ils donnent des objets célestes une vision superficielle, puisqu'ils ne peuvent provenir que de l'enveloppe des astres, alors qu'on s'intéresse ici aux phénomènes qui sondent les intérieurs, là où se déclenchent les cataclysmes de haute énergie.

Ces caractéristiques avantageuses des neutrinos s'expliquent par leurs propriétés bien particulières. Étant électriquement neutres, ils ne subissent pas la courbure due à l'effet des champs magnétiques régnant dans les espaces intersidéraux. Ainsi, comme pour les photons, leur direction reconstruite à l'arrivée sur Terre reproduit fidèlement la direction de la source qui les émet. Par ailleurs, n'étant sensibles qu'aux interactions faibles avec la matière, ils peuvent traverser des distances énormes sans être absorbés, ils voyagent en gardant leur énergie d'origine. En particulier, ils peuvent facilement s'échapper des objets très denses qui leur ont donné naissance, permettant une auscultation interne des phénomènes les plus violents. Ils se libèrent des supernovae, ils se libèrent des jets où ils sont produits pour se propager ensuite dans les espaces intergalactiques sans rencontrer le moindre obstacle. Ils permettent donc une fenêtre beaucoup plus profonde d'observation, ouvrant l'exploration de parties considérables de l'Univers autrement cachées.

Notons qu'il faut nuancer la capacité des neutrinos à pénétrer profondément la matière. Leur probabilité d'interaction augmente avec leur énergie, en fait proportionnellement du moins dans une large gamme. Plus ils sont énergiques, plus ils interagissent. C'est bien vérifié aux énergies disponibles aux accélérateurs et se traduit par le fait que la Terre devient opaque aux neutrinos quand l'énergie atteint 10^{15} eV. Il ne s'agit nullement d'une coupure franche, mais une sorte de coupure progressive de type GZK. Pour des énergies plus modérées, le caractère fantomatique des neutrinos subsiste, et la Terre avec toute son épaisseur demeure transparente.

La contrepartie de cette propriété de quasi-invulnérabilité réside dans leur invisibilité, c'est-à-dire dans la difficulté de les faire interagir quand ils arrivent sur Terre. La très faible probabilité d'interaction des neutrinos est un atout fondamental pour l'astrophysique mais un inconvénient majeur pour leur détection. À quoi sert un signal de neutrinos aussi intense soit-il, si on ne sait pas le déchiffrer ? Les neutrinos sont donc les messagers idéaux, encore faut-il les faire parler. C'est le prix à payer pour bénéficier de l'information unique qu'ils véhiculent. Or, sans interactions, ils traversent les détecteurs sans laisser de traces et donc leur message est perdu.

La difficulté de saisir le passage des neutrinos explique le maigre résultat actuel d'une observation neutrinienne du ciel. La carte en sources de neutrinos, telle qu'elle est connue aujourd'hui, est encore bien pauvre et ne satisferait guère Tycho Brahé. Seuls deux points s'y inscrivent : on reconnaît une source continue, le Soleil qui brille en neutrinos de manière permanente, comme il brille en photons visibles, ainsi d'ailleurs qu'en ultraviolets, infrarouges et rayons X. L'autre point est constitué de la supernova SN1987A. Il fut très intermittent puisqu'il ne brilla que pendant une dizaine de secondes le 23 février 1987.

Ce livre est consacré aux particules de très haute énergie. Pour les neutrinos, les seuls exemplaires détectés sont plutôt malingres, puisque les neutrinos solaires ont des énergies qui avoisinent le MeV, caractéristiques des fusions nucléaires, tandis que ceux récoltés de la supernova atteignaient les 20 à 30 MeV. Mais comme il s'agit des seuls exemplaires détectés à ce jour, il est bon de donner à leur sujet quelques détails.

Les neutrinos solaires

L'archétype d'un télescope à neutrinos est représenté par le détecteur japonais appelé SuperKamiokande construit sous une montagne à 250 kilomètres à l'ouest de

Tokyo. Il est enterré comme tous les détecteurs cherchant des signaux rares, pour se protéger des rayons cosmiques intempestifs les plus communs, ceux dont on a traité jusqu'ici, en particulier la pluie de muons qui donnerait un signal beaucoup trop fréquent pour pouvoir extraire une information cherchant à percevoir les signes d'un phénomène très fragile.

Le détecteur est constitué d'un immense réservoir construit en forme de cylindre de 40 mètres de diamètre et 40 mètres de hauteur. Il est empli d'eau distillée. Toutes les parois sont recouvertes d'un ensemble de 11 000 tubes photomultiplicateurs de grande dimension qui espionnent la lumière produite par le passage des neutrinos. Les neutrinos eux-mêmes traversent sans laisser de trace, mais s'ils interagissent, éventualité très rare mais qui heureusement arrive parfois, ils libèrent des particules chargées venant des molécules d'eau dont certaines auront suffisamment d'énergie pour donner dans le milieu une lumière bleutée, le même rayonnement Cerenkov déjà mis en avant dans l'atmosphère et explicité plus tôt.

Cette technique demande une énergie minimale pour que les particules se propagent à une vitesse supérieure à celle de la lumière dans l'eau. Pour les neutrinos solaires, cela nécessite une énergie supérieure à 5 MeV environ. L'expérience n'est sensible qu'à une très maigre part du flux solaire théorique total, un sur dix mille des neutrinos possède une énergie supérieure à cette valeur, mais cela correspond malgré tout à près de cent milliards de neutrinos par mètre carré arrivant chaque seconde. Pour rester dans les chiffres ajoutons que ce flux énorme ne relâche *in fine* qu'une quinzaine d'interactions par jour dans l'énorme cuve de SuperKamiokande. Un seul neutrino sur 10^{22}

s'arrête dans ce détecteur pourtant gigantesque. Cela souligne l'extrême difficulté de piéger ces fuyantes particules.

La lumière Cerenkov est produite le long des traces de particules chargées, dans le cas présent des électrons, qui sont éjectés hors des atomes par les neutrinos. Du fait des énergies modérées, les électrons se propagent sur des distances courtes atteignant quelques centimètres. La lumière est émise sur un cône qui s'ouvre à partir de la trace chargée, et le signal recueilli consiste en un anneau illuminé de tubes photomultiplicateurs.

Le nombre total de photons détectés détermine l'énergie, et la géométrie de l'anneau permet de reconstruire la direction du neutrino incident. Il existe un fond intrinsèque à cette technique. Il provient de la radioactivité locale qui peut libérer aléatoirement des électrons de désintégration d'énergie assez similaire. On s'en libère, en corrélant la direction du signal avec la position du Soleil dans le ciel au moment de la détection. Le résultat est sans appel : un signal provenant de notre astre se manifeste très clairement dans la bonne direction.

Qu'a-t-on appris de cette expérience ? Elle donne tout d'abord la preuve indubitable que le Soleil émet des neutrinos. Les résultats actuels corroborent quantitativement cette conclusion. S'il fallait une preuve supplémentaire, le flux des neutrinos détectés montre une variation annuelle de 6 % au cours des saisons, et ce chiffre reproduit ce qu'on attend de l'excentricité de la Terre sur son orbite.

Aujourd'hui, à la suite d'une série d'expériences aux techniques diverses permettant d'analyser la production solaire sur la gamme presque complète des énergies produites à la source, on est assuré que l'énergie du Soleil qui brille depuis des milliards d'années provient de phénomènes de fusions nucléaires au cours desquels quatre protons donnent un noyau d'hélium. Des neutrinos sont nécessairement produits dans le processus, et leur détection prouve *a posteriori* la justesse de l'interprétation.

Les neutrinos de SN1987A

> *Une étoile, une étoile diurne, un astre-météore se montra à sa naissance. Il brillait seul en plein jour dans les cieux, plus que Vénus ne brille la nuit, et la nuit il brillait au-dessus du delta de Cassiopée.*
>
> J. JOYCE, *Ulysse*

Tout autre est le signal perçu lors du passage d'une bouffée transitoire et éphémère de neutrinos provenant d'une supernova. Une supernova de type II émet 90 % de l'énorme énergie libérée lors de l'explosion sous forme de neutrinos. C'est la phase ultime d'une étoile, sa mort, et on sait calculer la production totale de neutrinos durant un tel événement : on l'estime à 10^{58}. Les restes de supernovae qu'on a présentés, pourtant si spectaculaires, ne représentent donc qu'une infime partie de l'énergie libérée lors de l'explosion.

En février 1987, un tel signal de neutrinos fut détecté. Il fut très bref, il dura le temps de l'explosion, c'est-à-dire une dizaine de secondes. Par chance deux détecteurs étaient en opération. Ils avaient été construits pour rechercher les désintégrations du proton, processus encore hypothétique que prédisaient certaines théories. L'un des dispositifs se cachait dans une mine de l'Ohio et l'autre sous une montagne des Alpes japonaises. De noms IMB et

Kamiokande respectivement, chacune des expériences repéra une dizaine d'événements attribuables au passage du flux de neutrinos émis 170 000 ans plus tôt. En effet, cette supernova provenait du grand nuage de Magellan situé à 170 000 années-lumière de nous. On parle ici de l'expérience Kamiokande qui opéra avant la mise en service du détecteur Superkamiokande fonctionnant actuellement. Il était 50 fois moins volumineux mais s'appuyait sur la même technique.

En fait, le signal ne fut guère remarquable. La distribution qui en témoigne indique seulement le nombre de tubes photomultiplicateurs ayant réagi en coïncidence temporelle. Ce nombre augmenta substantiellement, passant de 20 à 80, pendant une brève période. Kamiokande était pourvu d'un millier de tubes. À chaque instant une vingtaine d'entre eux déclenchaient, reflétant l'activité du bruit ambiant qu'il soit électronique ou qu'il provienne de la radioactivité locale. Ce fond parasite ne porte pas de signification physique pour les phénomènes discutés, et donc la vingtaine de capteurs allumés simultanément donne le niveau du « rien à signaler ». Et à un certain instant de février 1987, le nombre de capteurs s'emballa, atteignant le nombre de 80 et cela perdura pendant une dizaine de secondes. Cette observation pouvait provenir *a priori* d'un dysfonctionnement du détecteur, un pic de tension sur le réseau électrique par exemple. Mais la confrontation entre les deux expériences menées en deux endroits séparés du globe, et surtout l'annonce, le lendemain, de la détection visuelle d'une supernova dans l'hémisphère Sud ne laissait aucun doute : pour la première fois de l'histoire humaine, un signal de neutrinos extragalactiques avait été observé. Cela déclencha une intense activité dans le milieu.

En plus du Soleil, il y eut donc un point brillant dans le ciel neutrinien qui subsista pendant une dizaine de secondes : une supernova avait explosé. Sa lumière resta visible dans l'hémisphère Sud pendant quelques semaines, on observe encore ses restes au télescope. Depuis cette pêche surprenante et miraculeuse, les détecteurs se sont agrandis et améliorés. Ils veillent sans répit, mais aucune nouvelle supernova suffisamment proche n'a explosé pour récompenser la patience des chercheurs.

Les oscillations

> *Qu'il soit bien clair que la théorie selon laquelle l'Univers, après avoir atteint un degré d'extrême raréfaction, recommencera à se condenser, et qu'à partir de là nous nous retrouverons en ce point unique pour ensuite tout recommencer encore, cette théorie ne m'a jamais convaincu. Et cependant, tant d'entre nous ne comptent que là-dessus, ils continuent à faire des projets pour quand on en sera de nouveau tous là.*
>
> I. Calvino, *Cosmicomics*

Les neutrinos peuvent naître à divers stades des processus à l'œuvre dans l'Univers. On a vu que leur émission dans le Soleil provient de phénomènes de fusion à l'intérieur de notre astre. C'est maintenant bien compris et les mesures sont en accord avec la prédiction théorique. Il n'en fut pas toujours ainsi. Pendant de nombreuses années, une différence notable subsista entre les mesures effectuées sur Terre et le flux attendu selon les prédictions des modèles. On ne détectait qu'un tiers environ des neutrinos nécessaires pour expliquer le fonctionnement solaire. Ce déficit apparent de flux a récemment trouvé sa résolution grâce à la confirmation d'un mécanisme intrinsèque aux neutrinos et depuis longtemps suggéré : l'oscillation.

Avant de continuer l'exploration du ciel en neutrinos, il est nécessaire de bien comprendre ce phénomène qui aura également des conséquences quant aux signaux attendus de la part de sources très éloignées.

Il existe trois types différents de neutrinos bien individualisés au niveau de leurs interactions avec la matière. Ils apparaissent dans la table des constituants élémentaires, chacun avec son propre nom : ν_e, ν_μ et ν_τ. Pratiquement, leurs différences se constatent dans leurs modes d'interactions. Quand un ν_e interagit, il produit un électron, tandis qu'un ν_μ produira un muon et un ν_τ produira un tau. Les antineutrinos sont aussi clairement caractérisés puisque un anti-ν_e engendrera un positron, et ainsi de suite.

Or les neutrinos ont une propriété très spéciale de pouvoir échanger leur identité pendant une propagation dans l'espace. Ils peuvent se métamorphoser en cours de vol, spontanément, l'un dans l'autre. C'est ce qu'on appelle l'oscillation des neutrinos. Ce phénomène, d'abord prôné par la théorie, vient d'être confirmé par l'expérience. Cela rend compte de l'anomalie apparente observée au niveau des neutrinos du Soleil. Les premières expériences, construites pour détecter ces neutrinos émis dans le cœur de l'astre sous la forme exclusive de ν_e, n'étaient sensibles qu'à ce seul premier type de neutrinos. On constatait un déficit important puisqu'on ne mesurait sur Terre qu'un flux réduit entre un demi et un tiers par rapport aux prédictions. Mais c'était l'effet de perspective d'une mesure partielle, le flux total des trois types étant bien en accord avec les calculs. Aujourd'hui, un détecteur canadien appelé

SNO, capable de mesurer séparément les neutrinos des trois différents types, réconcilie la mesure avec la théorie, en obligeant d'admettre qu'une partie des ν_e s'est changée en ν_μ ou ν_τ entre le point de production, c'est-à-dire le Soleil, et le point de détection, c'est-à-dire le dispositif d'observation sur Terre.

Ce processus a été confirmé avec des neutrinos produits artificiellement dès que les neutrinos volent sur des distances suffisantes. L'expérience japonaise Kamland, qui a réutilisé l'infrastructure du détecteur Kamiokande pour l'étude de neutrinos produits par des réacteurs nucléaires, a démontré l'oscillation sur des distances terrestres : une partie des anti-ν_e produits disparaît entre les réacteurs disposés en moyenne à 180 kilomètres de distance et le point d'observation.

Le phénomène d'oscillations est important en physique des particules puisque c'est le signe que les neutrinos ont une masse non nulle. Cette masse, longtemps restée hypothétique, faisait l'objet de nombreuses expériences depuis des dizaines d'années. Jusqu'à encore récemment les neutrinos apparaissaient sans masse, mais alors, on ne comprenait pas pourquoi ces particules se distinguaient de manière si tranchée des autres particules élémentaires toutes massives. Si la preuve directe de masses de neutrinos fut si difficile à établir, la raison en est la petitesse des masses finalement découvertes. C'est l'intérêt du phénomène d'oscillations de pouvoir déceler des masses minuscules.

Pour compléter le panorama, une autre indication de déficit de flux est interprétée comme nouvelle preuve d'une oscillation. Elle concerne maintenant les neutrinos d'origine atmosphérique. Il s'agit ici de neutrinos du type ν_μ. L'effet provient de la comparaison du flux de neutrinos observés dans le détecteur SuperKamiokande et produits en deux points du globe diamétralement opposés, l'un près du détecteur et l'autre aux antipodes. Les neutrinos produits dans l'atmosphère directement située au-dessus du détecteur ne traversent que quelques dizaines de kilomètres avant d'être examinés. Au contraire, ceux produits aux antipodes doivent traverser toute l'épaisseur de la Terre, c'est-à-dire 13 000 kilomètres avant de se révéler. Ces mesures montrent un manque relatif de neutrinos du type ν_μ pour l'échantillon produit loin du dispositif expérimental ayant donc longtemps voyagé. Cette oscillation des ν_μ vient d'être très récemment confirmée par une expérience appelée Minos installée à 730 kilomètres d'un accélérateur américain situé près de Chicago.

Le déficit des neutrinos du Soleil s'interprète comme provenant d'une oscillation du ν_e vers le ν_μ ou le ν_τ. Celui des neutrinos atmosphériques serait dû à l'oscillation du ν_μ en ν_τ. On peut donc avoir une estimation des masses de neutrinos grâce à ces deux résultats. En pratique, l'oscillation ne contraint que des différences entre les masses des neutrinos impliqués, et donc l'échelle absolue n'est pas encore fixée, mais à l'aide de toutes les informations aujourd'hui disponibles, on possède un schéma cohérent, quoiqu'il ne soit pas encore fixé uniquement, qui indique des masses de respectivement 9 meV et 50 meV pour les neutrinos probablement de type ν_μ et ν_τ. Il s'agit ici de milli-eV ! La masse du ν_e supposée plus petite encore est toujours inconnue. La cosmologie donne des informations complémentaires sur la somme des trois masses de neutrinos. Elles sont en accord avec les estimations provenant des oscillations.

Le plus massif des neutrinos possède donc une masse de seulement un dix-millionième de celle de l'électron pourtant réputé comme la particule la plus légère dans la panoplie des constituants élémentaires. Cela semble dérisoire dans l'économie de l'Univers. Il n'empêche, du fait de l'abondance des neutrinos qui dépasse celle de toutes les autres particules de matière par des milliards de fois, la masse totale des neutrinos dans l'Univers avoisinerait la masse totale des dix mille milliards de milliards d'étoiles existant. Ce n'est donc nullement négligeable. On reviendra sur ce point plus tard.

CHAPITRE 10

L'astronomie des neutrinos

La carte du ciel neutrinien

> *Une nuit, Fabrice... contemplait les étoiles. Ses yeux errant dans la campagne... remarquèrent par hasard une lumière excessivement petite, mais assez vive, qui semblait partir du haut d'une tour.*
>
> STENDHAL, *La Chartreuse de Parme*

Le ciel a été scruté de diverses manières, tout d'abord en lumière visible, puis en rayons X et aujourd'hui en rayons γ d'énergie de plus en plus élevée. Sur un autre front, on cherche des sources émettant des protons de très haute énergie. L'autre frontière actuelle de l'astroparticule réside dans l'observation de sources nouvelles de neutrinos.

On a montré que la carte céleste des émetteurs de neutrinos était encore très pauvre avec seulement deux objets éclairant le ciel dont un, celui correspondant à la supernova 1987A, ne cligna que pendant dix secondes. En fait le Soleil « retentit » en neutrinos aussi bien le jour que la nuit et de manière plus intense qu'en photons, puisque nous recevons environ 1 kW par mètre carré sous forme de lumière et dix fois plus en neutrinos. Bien que le nombre de neutrinos soit plus faible, cela s'explique par leur énergie beaucoup plus élevée que celle des photons solaires. Pendant le jour, les neutrinos accompagnent les photons de lumière et nous tombent sur la tête. Pendant la nuit, un seul neutrino sur un milliard est arrêté dans la traversée de toute la Terre et donc le Soleil illumine encore l'obscurité avec un flux pratiquement inchangé de neutrinos, à la seule différence qu'ils nous arrivent alors par les pieds !

Mais cette carte anémique ne doit pas faire perdre l'espoir, et les théoriciens imaginent plusieurs types de sources potentielles de neutrinos dans le vaste Univers.

Quels sont les prétendants ? Bien sûr, les étoiles similaires au Soleil engendrent un flux comparable de neutrinos, et le ciel neutrinien est aussi peuplé que le ciel lumineux. Mais les flux correspondant sont beaucoup trop faibles pour laisser des traces de leur passage, et les détecteurs de neutrinos beaucoup trop primitifs pour espérer dresser une carte de telles sources. Quant aux supernovae, les dispositifs sont prêts pour les observer, mais les explosions se laissent attendre et les flux requis limitent les recherches à notre voisinage cosmique proche. Les espoirs d'aujourd'hui se concentrent donc sur un problème plus limité mais qui laisse quelque espoir, celui des neutrinos de très haute énergie.

C'est une nouvelle direction de l'astrophysique dont on a déjà discuté les avantages. Elle est complémentaire de la recherche de photons ou protons de très haute énergie car les productions sont associées. Autant les photons que les neutrinos d'énergie très élevée découlent de protons énergiques. En effet, des protons accélérés, par exemple dans des restes de supernovae selon le mécanisme de Fermi, interagissent dans le milieu environnant et produisent des mésons neutres et chargés. Les mésons neutres engendrent des photons énergiques et en parallèle les chargés produisent des neutrinos d'énergie équivalente. Cette recherche présente par ailleurs l'avantage relatif d'une détection facilitée, car les neutrinos ont une probabilité d'interaction d'autant plus élevée qu'ils sont de grande énergie, leur passage est donc plus facile à signaler.

Les théoriciens qui étudient les mécanismes à l'origine des phénomènes très violents dans l'Univers se sont livrés à l'exercice de prédire les flux de production de neutrinos de haute énergie. On a détecté des hadrons jusqu'à 10^{20} eV, on s'attend donc à voir un jour des neutrinos jusqu'à environ 10^{19} eV. Malheureusement les estimations ne sont guère favorables. Dans tous les scénarios imaginés, il faut pouvoir disposer de détecteurs 10 000 fois plus volumineux que les détecteurs en opération pour avoir quelques chances de mettre au jour des sources nouvelles, autres que des supernovae proches dont l'explosion reste fondée sur la chance. C'est tout le défi de cette recherche. Les expérimentateurs n'ont pas perdu courage et des télescopes se construisent. Ils se donnent pour but de trouver de tels signaux, heureusement assez facilement identifiables, mais de fréquence d'apparition très aléatoire.

Les sources potentielles

Les sources de neutrinos de haute énergie sont celles déjà invoquées pour expliquer la production de photons de très haute énergie à travers la filière dite hadronique. Dans une interaction de protons soit nucléaire avec les nucléons du milieu traversé, soit électromagnétique avec les photons, en particulier ceux caractérisant le fond cosmologique et qui amènent à l'effet GZK, il y a production de pions, particules intermédiaires de vie courte. Dans les expériences auprès d'accélérateurs, on mesure le rapport de production entre pions neutre et chargé, on trouve un neutre pour deux chargés. Les pions neutres se désintègrent très rapidement en donnant deux photons. Or, on observe déjà des photons de haute énergie. Les pions chargés pour leur part se désintègrent pour donner un muon et un neutrino. Les muons se désintègrent à leur tour. Leur temps de vie intrinsèque est très supérieur à celui des pions, 2 microsecondes, mais cela reste dérisoire même aux énergies extrêmes quand on considère les distances mises en jeu lors de leur propagation à travers les espaces cosmiques. Ils se convertissent en un électron et deux neutrinos. Ainsi, les interactions de protons engendrent nécessairement des neutrinos. Précisément, chaque pion chargé créera des neutrinos dans la proportion de deux ν_μ pour un ν_e. C'est déjà vrai dans le cas des neutrinos d'origine atmosphérique puisque le phénomène de production est identique. Le neutrino du troisième type, le ν_τ, est produit également par l'intermédiaire de particules charmées, mais à un niveau beaucoup plus faible, au mieux avoisinant quelques pour cent.

Les sources potentielles de neutrinos engendrés ainsi peuvent être d'origine galactique comme les restes de supernovae, les microquasars ou les systèmes binaires relativement communs liant un objet compact, trou noir ou étoile à neutrons avec un compagnon qui le nourrit de sa matière. L'accélération des protons y est prédite. Les sources peuvent aussi être extragalactique comme les AGN ou les sursauts gamma.

Les théoriciens essayent de quantifier l'apport des sources potentielles de neutrinos pour prédire les flux attendus. On tente de rendre compte des noyaux actifs de galaxies et des sursauts gamma, on modélise également les systèmes binaires et les microquasars. Il faut pour cela inclure toutes les connaissances actuelles sur le comportement des particules, mais les calculs sont encore très incertains, et les prédictions peuvent varier d'un ordre de grandeur sinon plus pour le même objet. À l'heure actuelle aucun signe de neutrinos de haute énergie n'a été détecté, et pour cause. Ce n'est nullement en contradiction avec les estimations puisqu'elles prédisent des récoltes misérables dans les « télescopes » existants qui demeurent beaucoup trop petits pour cette tache. Les prédictions les plus fiables donnent à peine la poignée d'événements dans les détecteurs de la prochaine génération d'expériences. La possibilité existe même qu'après des années d'efforts consacrés à leur réalisation, les monstrueux dispositifs en construction ne révèlent aucun signe certain de neutrinos. Mais il ne faut pas tomber dans le pessimisme et on peut se convaincre qu'une agréable surprise est toujours possible. Dans le passé, Kamiokande avait été construit pour découvrir la désintégration du proton qui échappe toujours à une confirmation expérimentale, mais l'expérience a eu la chance de mesurer les neutrinos solaires, de découvrir ceux de la supernova de 1987, et de donner des indications d'oscillations grâce aux neutrinos atmosphériques. C'est une illustration favorable de la glorieuse incertitude de la recherche.

Les calculs sont difficiles car pour prédire le flux de neutrinos, il faut connaître toute la chaîne de réactions leur donnant naissance. Dans le cas d'objets binaires, il faut d'abord comprendre le phénomène d'accrétion, puis les attractions et répulsions des gaz qui forment les jets, puis à l'intérieur des jets il faut modéliser l'accélération et les interactions successives pour finir avec les désintégrations. Le problème est aussi hasardeux que de deviner, quand un voyageur sort d'une bouche de métro, à quelle station il est monté dans le train.

Dans toutes ces recherches de sources lointaines, un énorme signal parasite provient des neutrinos atmosphériques qui n'ont ici aucun intérêt. Il est plus aisé pour les protons cosmiques d'interagir localement sur les molécules de l'atmosphère que sur le fond micro-onde, et la source est beaucoup plus proche. Les calculs montrent que cette composante gênante domine le flux de neutrinos jusqu'à des énergies de 10^{13} ou 10^{14} eV. Comme les mesures en énergie des signaux détectés ne peuvent être très précises, et que les flux intéressants sont excessivement faibles, il faut aller au-delà pour tenter d'extraire un signal non terrestre. Mais les taux diminuant très rapidement, cela nécessite l'utilisation d'instruments énormes ayant des résolutions de reconstruction limitées.

Il existe une composante moins spéculative et plus facilement prédictible de neutrinos de haute énergie. Elle provient de la contrepartie de l'effet GZK qui coupe le flux de protons au-dessus de quelque 10^{19} eV. Cette coupure, qui obscurcit la fenêtre d'observation quand il s'agit d'examiner les protons, facilite bien les choses dans le cas des neutrinos. En effet, la réaction subie par les protons sur le fond cosmologique, qui dégrade leur énergie et les empêche d'arriver indemnes jusqu'à nous, produit des pions qui se désintègrent selon le schéma indiqué plus haut pour donner en fin de chaîne des neutrinos. La suite des processus est partout la même, que ce soit dans les jets d'AGN, dans l'atmosphère, sur le fond cosmologique, ou dans une cible d'accélérateur, partout des protons d'énergie suffisante produisent des pions qui émettent des neutrinos. Le flux en est calculable dans la mesure où l'origine est assurée. Il suffit d'une simple extrapolation des flux de protons bien mesurés aux énergies inférieures à la coupure. Là aussi les estimations ne sont guère encourageantes, mais elles fixent une sorte de volume minimum utile pour un détecteur du futur et ce volume atteint le kilomètre cube.

Pour accomplir un tel objectif, il n'est plus question de creuser une caverne sous une montagne, et la seule solution qui subsiste en pratique consiste à utiliser des milieux naturels offerts gratuitement par le globe. Deux cas concrets se prêtent à de telles recherches : l'eau présente dans la mer ou dans un lac et la glace du pôle Sud.

Avant d'aborder les défis technologiques d'une telle recherche, rappelons qu'il faudra dans toutes ces considérations garder présent le phénomène d'oscillation puisque, quelle que soit la production originelle des neutrinos, les distances traversées sont telles qu'on attend sur Terre un mélange démocratique des trois types de neutrinos également présents. Le flux de ν_τ, très peu produit au niveau de la source, est attendu à hauteur des autres neutrinos. C'est important car chaque catégorie présente une signature caractéristique lors de ses interactions. Ainsi un ν_μ engendrera un muon, reconnaissable par sa longue trace droite qui pourra traverser jusqu'au kilomètre de matière, tandis qu'un ν_τ se révélera par une première interaction produisant plusieurs traces, suivie peu après d'une autre activité signant la désintégration du tau engendré.

AMANDA

Dans l'Antarctique, une expérience appelée AMANDA a déjà engrangé des événements, à dire la vérité, peu intéressants pour cette recherche puisqu'il s'agit de neutrinos d'origine atmosphérique qui constituent la part la plus importante des flux naturels reçus au-dessus de 100 MeV.

Le pôle Sud est formé d'un continent surmonté d'une couche de glace pouvant atteindre 3 kilomètres d'épaisseur. Bien évidemment, les conditions environnementales sont sévères, la température peut atteindre – 55°, mais cette glace est très transparente et stable, l'absorption de la lumière reste faible sur des distances atteignant jusqu'à 250 mètres. Des techniques de forage permettent de creuser des trous de près de 1 mètre de diamètre sur toute l'épaisseur de la couche gelée. On utilise pour cela des jets d'eau chaude à 90° qui fait fondre la glace, la progression du forage atteint 1 mètre à la minute, et il faut deux semaines à l'eau pour recristalliser. Cela laisse amplement le temps de descendre les câbles portant les modules optiques qui sont bien sûr étudiés pour résister à de fortes pressions.

Ainsi, l'expérience AMANDA a déjà instrumenté des volumes très appréciables de cible potentielle. On a descendu dans la glace sur 500 mètres de profondeur, à distances régulières, des câbles munis de capteurs de lumière, toujours du type mentionné à diverses reprises, des tubes photomultiplicateurs. Quand les capteurs sont en place, il n'est plus question d'intervenir, donc la préparation doit être soigneuse pour que le dispositif reste actif pendant plusieurs années de service. AMANDA a installé 677 modules optiques attachés à 19 filins, rendant sensible un volume de 5 millions de mètres cubes, soit 100 fois la masse de SuperKamiokande. L'expérience a ainsi recueilli pendant sa période d'observation environ 3 000 interactions de neutrinos d'énergie allant jusqu'à 10^{15} eV.

La technique de détection est la même que celle qui a été utilisée par SuperKamiokande. Des neutrinos interagissant dans la glace produisent des particules chargées de haute énergie qui émettent dans leur traversée du milieu de la lumière Cerenkov captée par les tubes photomultiplicateurs disséminés dans le volume sensible. Mais ici on ne peut plus se permettre de tapisser de grandes surfaces définissant le volume servant de cible. On préfère échantillonner le milieu avec des tubes répartis dans tout le volume. La glace est transparente, la lumière peut se transmettre sur plusieurs dizaines de mètres sans atténuation notable et cela permet d'instrumenter de très larges volumes sans recourir à un nombre démesuré de tubes détecteurs de lumière. Dans le cas des interactions de ν_μ, la longue trajectoire attendue pour les muons est reconstruite à partir de la mesure des temps d'arrivée de la lumière sur chacun des photomultiplicateurs proches de la trace. Notons que la détection se limite à des traces montantes. Ainsi, la Terre sert de filtre contre les muons chargés descendants depuis l'atmosphère proche qui sont un million de fois plus nombreux que ceux provenant de l'interaction de neutrinos.

Grâce à la moisson de plusieurs milliers d'événements accumulés pendant les quelques années de son exploitation, AMANDA a prouvé le bien-fondé de cette technique. Les interactions enregistrées peuvent toutes être attribuées aux neutrinos atmosphériques. Il n'y a pas de signal qui proviendrait de neutrinos extraterrestres, mais les données commencent à contraindre les modèles théoriques les plus optimistes qui prédisaient l'existence de sources laissant espérer des flux de neutrinos de haute énergie au-dessus du niveau observé. Déjà une carte du ciel existe pour les neutrinos d'énergie autour de 100 GeV (www.amanda.uci.edu). Les neutrinos arrivent uniformément de toutes les directions, et ce résultat est en accord avec une provenance locale, c'est-à-dire atmosphérique. Aucune évidence claire d'accumulation dans une direction privilégiée n'est notée, donc aucune source extraterrestre ne s'est encore révélée, ce qui aurait constitué une grosse surprise.

Le ciel reste toujours obscur en neutrinos, à l'exception de notre Soleil. Toutes les traces mesurées sont compatibles avec le flux attendu des rayons cosmiques primaires bombardant l'atmosphère. Il faut donc observer sur de plus grandes échelles pour espérer progresser dans cette recherche et pour cela il faut envisager des tailles d'appareillages encore 100 fois plus grandes.

Par chance, cette technique d'instrumentation de très grands volumes peut assez facilement s'extrapoler, et une nouvelle expérience est en construction à quelques encablures de AMANDA. Son nom affiche la couleur : IceCube. À terme elle vise à équiper le volume phénoménal de 1 kilomètre cube de glace. La géométrie est déjà fixée, la cible s'étagera entre – 1 400 mètres et – 2 400 mètres de profondeur et comportera un total de 4 800 modules optiques à raison de 60 modules par câble espacés les uns des autres de 17 mètres. Le dispositif s'accompagnera d'un détecteur construit à la surface de la glace appelé IceTop qui permettra des corrélations avec les capteurs enfouis.

Le kilomètre cube est la taille suggérée par les prédictions théoriques pour avoir quelques chances de détecter un nombre suffisant d'événements. En fait, on s'attend que les sources les plus puissantes donnent de l'ordre d'une interaction visible par kilomètre cube en un an. Avec un échantillon de sources suffisamment large, on peut espérer une moisson raisonnable.

Le déploiement de IceCube a déjà commencé. Le premier filin équipé a été enfoncé pendant l'été austral 2005. On espère que tous les câbles seront en place dans le courant de l'année 2010. Le dispositif devrait être alors capable de mesurer les flux de neutrinos dans une fenêtre d'énergie entre 10^7 et 10^{20} eV. On prédit recueillir de l'ordre de 1 000 événements chaque année, encore majoritairement d'origine atmosphérique, mais aussi un nombre minimum d'événements d'origine plus intéressante est escompté. Par exemple un récent calcul prédit de l'ordre d'une interaction par an de neutrinos provenant du centre de notre propre galaxie.

ANTARES

Considérations de plus en plus vastes sur l'évolution... sur l'infini poudroiement blanduleux nébuleux de la Voie lactée, visible en plein jour pour un observateur placé à la base d'une cheminée cylindrique verticale enfoncée jusqu'à 5 000 pieds de profondeur...

J. JOYCE, *Ulysse*

Après un premier essai infructueux au large d'Hawaii dans les années 1980, puis une expérience pionnière située au fond du lac Baïkal en pleine Sibérie, des projets concurrents et complémentaires à AMANDA se préparent dans l'eau de la Méditerranée.

L'eau semble en effet un milieu naturel tout aussi adapté que la glace pour aller capturer des neutrinos. Les difficultés pratiques sont un peu différentes et les projets en cours cherchent à valider les techniques proposées. Les études approfondies de caractérisation du milieu sont bien avancées en ce qui concerne le bruit lumineux venant de la radioactivité ou de l'émission lumineuse d'espèces animales, le taux et la nature de la sédimentation sur les surfaces immergées, ainsi que l'absorption et la diffusion de la lumière dans cet environnement inhabituel.

En particulier l'un des projets, appelé ANTARES (Astronomy with a Neutrino Telescope and Abyss environmental RESearch), utilise un fond marin au sud de l'île de Porquerolles, près de Toulon pour abriter un dispositif expérimental d'envergure. Le détecteur est décrit sur le site antares.in2p3.fr. La philosophie en est similaire à celle à l'origine de AMANDA. Il s'agit encore ici d'instrumenter de grands volumes d'un milieu transparent à l'aide de capteurs répartis pour détecter des traces de lumière issues de l'interaction de neutrinos de très haute énergie.

Un prototype a déjà été testé dans une fosse située à deux kilomètres et demi de profondeur. Les fonds marins sont obscurs et donc des raies de lumière révèlent un phénomène local dont il s'agit d'évaluer l'origine. En fait, de la lumière parasite existe, elle provient de la faune marine, poissons ou autres créatures luminescentes qui peuplent les profondeurs. La bioluminescence du fond marin, dont l'intensité est très variable, envoie dans les capteurs des signaux à raison de plusieurs dizaines de kHz, ce qui a pour conséquence d'invalider le dispositif pendant 1 % du temps. Cette limitation n'est pas rédhibitoire. Un autre bruit perturbe ce type de recherche. La radioactivité donne également une contribution importante continue. En effet, le sel contient du potassium dont un isotope, le potassium 40, se désintègre pour donner des électrons ayant suffisamment d'énergie pour engendrer de la lumière Cerenkov. Le bruit a été mesuré *in situ*, chaque photomultiplicateur compte de l'ordre de 50 000 coups à la seconde, mais une coïncidence de trois capteurs fait chuter le bruit à 50 coups par seconde, ce qui devient supportable. Un tel taux est facilement gérable par des instruments pouvant compter les cent millions de coups à la seconde. Ces bruits parasites demeurent localisés, ils n'intéressent que des volumes restreints d'eau et ne vont allumer à la fois qu'un ensemble de tubes photomultiplicateurs voisins. En revanche, une particule de haute énergie peut traverser des dizaines de mètres d'eau. Elle émet de la lumière sur tout son parcours. Elle va allumer plusieurs tubes disposés sur une ligne droite et distants les uns des autres. Le signal recherché consiste donc en une suite de capteurs photomultiplicateurs alignés dont les signaux se suivent en une séquence temporelle reflétant les séparations physiques.

Un premier filin a été immergé. Il est chargé de grappes de photomultiplicateurs assemblés en triplets. Chaque tube doit être pourvu d'une arrivée de haute tension et d'une sortie de signal. La technique de connexion des câbles électriques en fonds marins est mise à profit. On a recours à un petit sous-marin pour les manipulations à grandes profondeurs. Un tel exercice a validé la méthode. Après deux heures de descente dans les profondeurs, des bras manipulateurs ont réussi à brancher les divers éléments entre la ligne de détecteurs et le caisson de distribution installé précédemment sur le fond. Les services de l'Ifremer se sont révélés essentiels pour ces opérations complexes.

Dans de telles conditions, des problèmes bien spécifiques doivent être résolus. Des ancres maintiennent les lignes arrimées au fond de la mer sous tension mécanique. Sous l'effet des courants, les filins se courbent et tournent. Il faut donc développer un système de repérage pour suivre les déplacements des capteurs en temps réel. Le milieu est étalonné avec soin grâce à des sismographes. On sait mesurer les mouvements du fond marin, et on connaît les positions de chaque tube à mieux que 20 centimètres. On mesure par ailleurs en permanence la salinité de l'eau ainsi que sa transparence à l'aide de lasers répartis.

Au total, il est prévu d'installer prochainement 900 tubes photomultiplicateurs de 25 centimètres de diamètre en triplets sur des niveaux compris entre – 1 950 mètres et – 2 300 mètres. En 2007, douze lignes séparées de 70 mètres les unes des autres comporteront chacune 25 étages de triplets espacés de 15 mètres. Les modules seront orientés vers l'hémisphère inférieur pour favoriser la détection de neutrinos montants. ANTARES n'est qu'une étape, ici encore le but est d'instrumenter à terme un volume atteignant le kilomètre cube pour avoir quelques chances de détecter suffisamment d'événements d'origine extraterrestre et peut-être extragalactique, afin d'en extraire des renseignements sur l'Univers.

AMANDA et ANTARES recherchent des signaux équivalents. L'eau est moins transparente que la glace, elle absorbe davantage, la longueur d'absorption se limite à 50 mètres, mais en contrepartie, elle diffuse moins. Cela s'explique par la présence de bulles d'air prisonnières de la glace, et donc l'eau est plus favorable dans la recherche de sources ponctuelles car elle permet une meilleure résolution angulaire. Selon les estimations, à 1 TeV, l'angle entre le muon et le neutrino dont il est issu vaut 0,7° en moyenne, à plus haute énergie muon et neutrino sont pratiquement colinéaires, la recherche de sources ponctuelles est donc justifiée.

Les deux dispositifs possèdent des qualités légèrement différentes, ils se révèlent par ailleurs géographiquement complémentaires puisque le détecteur situé dans l'Antarctique ne peut observer que le ciel de l'hémisphère Nord et *vice versa*. En effet dans chacune de ces expériences, il faut tenir compte du flux parasite non seulement de neutrinos atmosphériques mais aussi des banals muons du flux cosmique. On a déjà dit que les muons donnent une pluie drue sur toute la surface de la Terre. Les expériences doivent s'enfoncer pour se blinder contre ces traces perturbatrices. Mais même à la profondeur d'ANTARES, à près de 2 kilomètres sous la mer, les muons donnent un signal un million de fois plus intense que celui espéré du fait des neutrinos. En principe, ces traces qui traversent de part en part le détecteur devraient être reconnaissables, mais elles sont tellement nombreuses que les physiciens préfèrent considérer le dispositif comme aveugle aux traces descendantes. Les détecteurs sont donc limités aux traces montantes, c'est-à-dire aux neutrinos filtrés par l'épaisseur de la Terre. Cela d'ailleurs amène à une autre limitation puisqu'on a déjà fait remarquer que la Terre devenait opaque pour les neutrinos de plus de 10^{15} eV. Au-dessus de cette énergie il faudra se restreindre à des neutrinos ne traversant pas toute l'épaisseur de la Terre, mais rasant le globe, ce qui a pour conséquence une diminution de l'acceptance globale de détection.

Au total, IceCube scrutera le ciel de l'hémisphère Nord, et un projet en Méditerranée aura pour charge de scruter le ciel complémentaire de l'hémisphère Sud. En fait, un détecteur dans nos régions présente l'avantage de pouvoir ausculter le centre de notre galaxie qui est visible pendant deux tiers de l'année. C'est l'un des candidats les plus sérieux pour la production de neutrinos de très haute énergie.

En parallèle avec le développement d'ANTARES, un autre projet se développe. De nom Nestor, il se construit au large de Pylos en Grèce. On a par ailleurs déjà commencé une recherche du meilleur site existant en Méditerranée où les efforts de toutes les équipes existantes devraient se conjuguer.

CHAPITRE 11

La radiodétection des grandes gerbes

Comme Alexandre, en ces régions chaudes de l'Inde, vit pleuvoir sur son armée des flammes vivaces jusqu'à terre, ainsi tombait cette éternelle ardeur.

DANTE, *Enfer, Chant 14*

La détection d'ondes radio venant du cosmos est déjà de l'histoire ancienne. On observe depuis quelques décennies les objets célestes par leur émission radio. On a vu que ces ondes correspondent à la limite du spectre électromagnétique, dans la région des très grandes longueurs d'onde, c'est-à-dire des énergies minuscules. Les radiogalaxies appartiennent à la catégorie d'objets qui émettent très intensément dans une telle gamme. En particulier, notre propre centre galactique est une source de telles ondes.

Pour émettre des ondes radio, il faut imaginer la présence de courants, c'est-à-dire des charges électriques en mouvement. C'est le phénomène qui prend naissance dans les jets dont on a vu plusieurs exemples de production. Les ondes radio sont particulièrement bien adaptées pour mettre en évidence ces jets témoins de bien des phénomènes violents. Les jets sont en définitive des plasmas atteignant des vitesses souvent relativistes et les ondes radio en donnent une image directe. Ici, les ondes radio proviennent directement du phénomène astrophysique. À ce titre, elles constituent la frontière opposée de celle qui nous a préoccupés jusqu'à présent et qui concernait les particules de très haute énergie.

Pourtant, gardant en tête les phénomènes spécialement violents dans lesquels une énergie énorme est transférée à une simple particule, il se trouve que la détection des ondes radio peut être un moyen de les mettre en évidence. La lumière Cerenkov elle-même constitue un rayonnement de basse énergie qui trahit, de manière secondaire, par reflet en quelque sorte la présence de gerbes hautement énergiques dans l'atmosphère. L'idée est la même en ce qui concerne les ondes radio. On va les rechercher comme signe du passage de particules de très haute énergie. Cette technique a été suggérée, non pour étudier directement les objets émetteurs, mais pour détecter les gerbes produites par la propagation des rayons cosmiques qui vont induire un signal radio lors de leur passage. Cette nouvelle idée de détection est en train de gagner en crédibilité, et d'ambitieux projets sont aujourd'hui en gestation.

Production des ondes radio

Quand une gerbe électromagnétique est produite dans un milieu matériel, par exemple les gerbes qui se créent à la traversée de l'atmosphère, il se développe, au sein de la gerbe, un excès d'électrons par rapport aux positrons. À la source, la gerbe elle-même engendre autant d'électrons que de positrons puisque le phénomène s'appuie sur la matérialisation de photons en paires particule-antiparticule, mais l'asymétrie provient tout simplement du fait que le milieu ambiant, c'est-à-dire les molécules de l'air traversé, contiennent des électrons, et les positrons engendrés dans la gerbe ont une probabilité non nulle de s'annihiler à leur contact. L'effet atteint 10 % et, au cours de sa propagation, la gerbe se compose globalement de dix électrons pour neuf positrons. Ainsi, grâce à cette asymétrie de comportement entre positrons et électrons, une gerbe développe un excès de charges négatives, ce qui se manifeste par un courant électrique. Le champ magnétique terrestre accroît cet effet d'asymétrie en formant un dipôle électrique par la séparation spatiale des charges de signes opposés. Le courant bref ainsi obtenu est à l'origine d'une onde radio, et on peut calculer ses caractéristiques. En particulier, on démontre que l'amplitude de l'onde produite dépend fortement de l'énergie contenue dans la gerbe. En fait, elle varie comme son carré, et cela laisse espérer l'utilisation efficace de cette technique pour détecter les gerbes de très hautes énergies, au-dessus de 10^{17} eV. La forme de l'onde porte une information supplémentaire sur la nature de la gerbe, et la durée du signal indique la distance à son cœur.

Ces considérations ont été proposées dès 1962 par un physicien russe Askaryan. Plusieurs tentatives expérimentales furent lancées dans différentes gammes de fréquences, mais les résultats s'avérèrent à l'époque peu fiables à cause des performances limitées de l'électronique associée, et les autres techniques de détection, fluorescence ou particules au sol, que l'on a présentées, furent privilégiées car déclarées plus convaincantes. La radiodétection a donc été délaissée, elle semblait présenter trop de difficultés d'interprétation, laissant la voie libre aux autres méthodes plus aisées à mettre en œuvre.

Ces recherches reprennent de l'intérêt grâce aux avancées réalisées dans le traitement de l'information, notamment les grands progrès accomplis dans l'électronique de lecture des signaux. On est aujourd'hui capable d'identifier beaucoup mieux des impulsions brèves. La théorie du phénomène n'est pas encore complètement élucidée, néanmoins, les effets concrets commencent à être mis à l'épreuve de l'expérimentation et permettent beaucoup d'espoirs. Ainsi, plusieurs groupes se sont lancés dans l'aventure pour valider ces idées car le gros avantage de cette technique réside dans la faculté des ondes radio d'être très pénétrantes. Elles peuvent traverser une grande quantité de matière et donc elles permettent d'observer des volumes énormes pour y déceler des traces de gerbes produites à l'intérieur.

La détection des ondes radio

La nuit est calme ; des étoiles nombreuses palpitent ; on n'entend que le claquement des tarentules.

G. FLAUBERT, *La Tentation de saint Antoine*

La station de radioastronomie de Nançay, située près d'Orléans, a donné lieu a un premier test expérimental. Cette station, par ailleurs réputée dans sa spécialité, est construite en Sologne sur un terrain propriété de l'École normale supérieure. Elle est riche de 144 antennes atteignant 9 mètres de hauteur et réparties sur une surface de un hectare. L'activité normale du centre consiste à étudier le Soleil ou à rechercher des radiogalaxies. Le test présenté maintenant constitue donc un détournement d'objectif tout à fait original.

Une expérience de nom CODALEMA (COsmic ray Detection Array with Logarithmic ElectroMagnetic Antennas), débutée en 2003, cherche à définir les conditions d'utilisation d'un signal radio pour identifier des gerbes atmosphériques. (www-subatech.in2p3.fr). Lors d'un test préliminaire, elle a utilisé sept antennes à large bande dans des gammes de fréquences qui semblent correspondre à des zones propres, c'est-à-dire pas trop polluées par les divers bruits ambiants. Ces zones se situent respectivement autour de 1 mégahertz et de 50 mégahertz. On ne peut pas oublier que l'environnement radio est très encombré, il reçoit des émissions de toutes les stations radiophoniques fonctionnant dans les environs. Pour s'en libérer, il faut d'abord maîtriser la technique de réception d'ondes radio brèves car la mesure consiste à détecter la variation temporelle du champ électrique sur des durées de quelques nanosecondes.

Une mise en coïncidence des différentes antennes permet de réduire le fond. Une recherche d'une éventuelle gerbe cosmique s'appuie sur l'amplitude du signal qui indiquera l'énergie, mais elle utilise aussi l'information simultanée des différentes stations qui permet de déduire par triangulation temporelle la direction d'arrivée de la gerbe. Une étude détaillée de la forme du signal reçu donne également une information sur le profil de l'événement.

Un test crucial a consisté à coupler l'information radio reçue par les antennes avec des détecteurs recueillant des particules de la gerbe arrivant au sol, selon la technique mise en œuvre à grande échelle par l'observatoire Auger. Quatre modules de scintillateurs ont été installés en 2004. En fait ces détecteurs, du fait de leur propre électronique, émettent un bruit néfaste capté par les antennes qu'il faut éliminer lors de l'analyse.

Le dispositif complet, constitué de quatre détecteurs au sol et sept antennes séparées d'une distance maximale de 200 mètres, a réussi à enregistrer des données. Encore faut-il extraire un signal intéressant. Pour cela, les quatre détecteurs de particules sont tout d'abord mis en coïncidence pour s'assurer qu'une gerbe est effectivement passée au-dessus de la région auscultée. Le taux avoisine un coup par minute. Puis le signal ainsi formé est utilisé pour analyser l'information des antennes.

L'expérience recueille environ un événement radio pour 1 000 événements enregistrés dans les pièges à particules. Cette large différence s'explique par le fait que les détecteurs de particules possèdent un seuil relativement bas de 10^{15} eV, tandis que les détecteurs radio ne déclenchent qu'au-dessus de 10^{17} eV. Le résultat est cohérent avec la réduction forte du nombre de gerbes attendues aux énergies plus élevées. Le résultat le plus prometteur a été de démontrer une coïncidence en temps entre les deux types d'événements. Une corrélation nette est discernable dans les données. Une preuve supplémentaire valide la technique, elle montre un accord entre les directions d'arrivée mesurées indépendamment par les deux méthodes. Au total, ce dispositif test couvre une acceptance de 160 000 m^2str, et dans ce volume, l'expérience a réussi à détecter de l'ordre de une gerbe par jour ayant une énergie évaluée à 10^{17} eV.

Ainsi, des gerbes produites par des particules arrivant à la surface de la Terre peuvent alternativement être détectées par ondes radio. L'expérience a démontré la faisabilité de cette technique puisqu'elle a non seulement détecté la présence des gerbes de très haute énergie, mais elle a aussi déterminé leur énergie par l'amplitude des signaux recueillis et fixé leur direction par l'analyse des arrivées temporelles au niveau des diverses antennes. C'est un chapitre nouveau qui s'ouvre pour la détection des rayons cosmiques de très haute énergie.

L'avantage d'une telle technique est de pouvoir couvrir de très grandes surfaces d'observation pour un prix raisonnable. La limitation vient du seuil élevé, il est actuellement estimé à quelque 10^{17} eV pour des gerbes ayant leur origine dans l'atmosphère au-dessus du dispositif, mais on a vu que le seuil d'Auger est encore plus élevé et qu'il reste une fenêtre de physique à élucider au-delà. La technique est d'autant plus efficace que l'énergie de la gerbe est élevée. Il n'y a pas ici de limite supérieure à la détection sauf bien entendu la rareté des événements.

Cette technique pourrait donc offrir une alternative aux autres projets imaginés pour étendre encore les mesures vers les très hautes énergies. Elle s'appliquerait, soit à la recherche de rayons chargés, soit même à la recherche de neutrinos. Les neutrinos d'énergie extrême interagissent dans l'atmosphère avec une probabilité très augmentée. Mais la difficulté réside alors dans la distinction entre une gerbe de proton et une gerbe de neutrino. La différence des profils de l'avalanche est ténue. Elle se limite au fait que, au contraire des gerbes initiées par des particules chargées ou des photons qui démarrent toujours dès leur entrée dans l'atmosphère, les neutrinos donnent un début d'avalanche réparti uniformément sur toute l'épaisseur de l'atmosphère : le neutrino pénètre beaucoup plus profondément.

Pour élargir les possibilités de recherche d'interactions de neutrinos, il a été suggéré, plutôt que de pointer au hasard vers le ciel, d'espionner l'activité éventuelle naissant dans la Lune. Notre planète, source d'inspiration pour les poètes, pourrait contribuer à la recherche des rayons cosmiques très énergiques. Elle suscite en effet l'espoir des chasseurs de neutrinos de très haute énergie. C'est une cible gigantesque. Potentiellement, elle représente des millions de kilomètres cubes de matériau qui peuvent être utilisés, quoique au prix d'un angle solide très réduit. Tout de même cela donne des idées originales, et des stations de radioastronomie ont déjà pointé leurs antennes vers la Lune pour tenter d'y entendre le développement d'une gerbe produite par des neutrinos. Des limites ont été publiées. Il faut admettre qu'elles sont encore peu contraignantes et sujettes à discussion. Du fait de la distance, et donc de la perte de puissance jusqu'à l'arrivée à Terre, le seuil est très élevé, on l'évalue à 10^{20} eV. C'est une région limite, mais elle est intéressante puisqu'il s'agit de celle qui excite les chercheurs de rayons cosmiques chargés à la recherche de la coupure GZK.

Une autre recette permettrait de descendre le seuil des énergies en rapprochant la gerbe de l'observateur. Les neutrinos interagissant dans la couche externe de la Lune produisent des leptons qui peuvent s'échapper du corps du satellite. Ces particules, muons mais aussi taus pointant vers la Terre, se désintègrent en vol entre la Lune et nous pour engendrer un électron. Cet électron arrivant dans l'atmosphère initie une gerbe similaire à celles que détectent les télescopes à effet Cerenkov. Les dispositifs optiques actuels ne peuvent se permettre de pointer vers la Lune qui réverbère une lumière parasite trop intense. On peut bien sûr penser à profiter d'une éclipse lunaire, mais le phénomène est peu fréquent et sa durée se limite à une heure. Or on recherche des phénomènes très rares demandant des observations longues. La détection de la gerbe par ondes radio ne présente plus cette limitation, c'est une technique permettant un cycle utile qui atteint 100 %. Cette idée pourrait être exploitée un jour, quand la technique de détection radio des grandes gerbes sera complètement opérationnelle.

Au lieu de pointer vers la Lune, on peut également considérer des neutrinos frôlant la Terre de manière plus ou moins tangentielle. Là encore la séquence est la même : un neutrino interagit soit dans l'atmosphère soit dans la roche de la croûte terrestre. Les particules secondaires ont une bonne probabilité de sortir de terre pour donner une gerbe au-dessus d'un système d'antennes. Cette configuration particulière demanderait la construction d'antennes radio dans une vallée de montagne pointant vers les sommets. Les physiciens de service y gagneraient un beau paysage.

CHAPITRE 12

Les ondes gravitationnelles

L'apparition de ces signes extérieurs demande du temps, comme la clarté d'une de ces étoiles dont nous ne savons pas si elle n'est pas déjà sur le point de s'éteindre, si elle n'est pas déjà éteinte, alors qu'elle rayonne avec le plus de splendeur.

T. MANN, *Les Buddenbrook*

Le graviton

Parmi toutes les particules élémentaires invoquées par la physique de l'infiniment petit, l'une d'entre elles demeure cachée : le graviton. Cette particule est supposée transmettre la force de gravitation, au même titre que le photon est responsable des forces électromagnétiques. L'attraction de gravitation s'interprète donc comme un échange de gravitons, et on aimerait bien pouvoir mettre en évidence expérimentalement ces objets comme on détecte les autres particules de champ. Mais ce n'est pas aisé.

Les gravitons ne sont sensibles qu'à la gravitation, par construction même, or dans le domaine des particules, la gravitation est une force complètement négligeable car ridiculement faible devant les autres forces entrant en jeu. Même la force faible qui est à l'œuvre en particulier quand un neutrino participe a une intensité supérieure d'un grand nombre d'ordre de grandeur à celle de la gravitation. Prenant un proton et un neutron et les mettant côte à côte, la force faible, elle-même ridiculement petite par rapport aux forces nucléaires, est environ 10^{25} fois plus intense que la force de gravitation se développant entre les deux nucléons !

La gravitation n'est effective que dans le cas d'un très grand nombre de particules rassemblées, c'est-à-dire quand on aborde le domaine macroscopique où les objets sont neutres électriquement et d'extension volumique sans commune mesure avec les dimensions des noyaux de l'atome. Les autres forces deviennent alors résiduelles, elles laissent la précédence à la gravitation. En pratique la gravitation devient prépondérante pour de grands ensembles, c'est-à-dire pour des corps très massifs. C'est la force par excellence agissant en astrophysique.

La théorie indique que le graviton doit être une particule de masse nulle, qui donc se propage à la vitesse de la lumière. Mais cette particule n'entre pas dans le moule des théories de jauge aujourd'hui souveraines pour expliquer les trois interactions à l'œuvre dans l'infiniment petit. La gravitation n'est pas mathématiquement compatible avec les autres types d'interactions, et c'est l'un des grands défis actuels de trouver une théorie unitaire réconciliant toutes les forces connues pour les traiter selon un même patron. Cette difficulté naît de la nature du graviton qui possède un spin égal à 2 unités au lieu du spin 1 des autres messagers des interactions.

Pour prouver la réalité des flux de gravitons échangés lors d'une interaction gravitationnelle, il faut profiter de grands ébranlements de l'espace obtenus par interaction entre objets très massifs que seule l'astrophysique sait créer. Ces « tsunamis » de gravitons donnent ce qu'on appelle le phénomène d'ondes gravitationnelles qui consiste en une déformation de l'espace-temps prenant naissance à partir des masses en mouvement et qui se propage ensuite à la vitesse de la lumière. Pour avoir une chance de détecter directement un flux de gravitons, on ne peut donc faire l'économie de considérer des ébranlements gravitationnels extrêmes dont seul l'Univers a le secret. Les calculs montrent que certains cataclysmes laissent espérer une émission suffisamment intense de gravitons pour que l'effet soit détectable sur Terre. Une telle recherche appartient en plein au champ de l'astroparticule.

Comme les neutrinos, les ondes gravitationnelles peuvent traverser la matière sans absorption, l'Univers leur est transparent. Ce sont donc, eux aussi, des outils de choix pour sonder les vastes espaces, mais comme pour les neutrinos la difficulté de détection est un puissant frein à un développement facile de cette méthode pour observer les cieux. Les flux d'énergie transmis ne sont pas faibles : une étoile à neutrons de 10 kilomètres de diamètre située à 30 millions d'années-lumière nous envoie 0,3 watts par mètre carré sous forme d'ondes gravitationnelles, c'est-à-dire autant que la lumière réfléchie par la Lune éclairée. Mais l'effet de ce passage est très difficile à mettre en évidence car l'espace-temps est rigide, et l'onde résulte en une variation relative des distances de 10^{-21}, équivalant à la largeur d'un cheveu situé à 4 années-lumière !

En fait, le phénomène d'ondes gravitationnelles qui se propagent comme des rides dans l'espace a déjà été prouvé, mais indirectement. La méthode a consisté à suivre très précisément au cours de plusieurs années la dynamique de deux systèmes massifs en interaction gravitationnelle l'un avec l'autre.

Pendant l'été 1974, Hulse et Taylor découvrent un pulsar binaire. Le pulsar est un objet qui vibre à grande fréquence, et qu'on imagine accompagné par un objet invisible, une naine blanche par exemple. Le système alors étudié est très spécial puisque chacune des masses en jeu avoisine celle du Soleil et que les objets tournent l'un autour de l'autre sur une ellipse de 700 000 kilomètres de rayon moyen, deux fois seulement la distance de la Terre à la Lune. Au moment de la découverte, le plus gros des deux objets virevoltait sur lui-même 17 fois par seconde, et à chaque tour il émettait une impulsion lumineuse reçue sur Terre. Cela constituait donc un phare dans l'espace permettant de suivre très finement la dynamique du système. La période de rotation du pulsar autour de son compagnon très compact, étoile à neutrons ou trou noir, s'élève à huit heures. L'échange gravitationnel entre les deux objets, nécessaire pour maintenir leur liaison, résulte en une perte d'énergie. Il y a effondrement progressif des orbites, ce qui affecte la fréquence de pulsation enregistrée du pulsar. La rotation devient de plus en plus rapide. La théorie prônant les ondes gravitationnelles fut utilisée pour prédire une variation caractéristique des fréquences observées. La mesure expérimentale de cette variation se révéla en très bon accord avec la prédiction et la preuve fut jugée suffisamment probante pour que les deux physiciens à l'origine de cette découverte reçoivent le Prix Nobel.

On aimerait confirmer l'observation sur Terre. La première tentative de détection d'ondes gravitationnelles consista à utiliser des antennes dites résonantes, construites en forme de cylindres ayant quelques tonnes de masse dont on espionne la longueur très précisément avec des dispositifs piézoélectriques. Weber, qui poussa longtemps l'idée, publia même une indication de détection après avoir constaté une coïncidence entre deux antennes de ce type situées à 1 000 kilomètres l'une de l'autre. Cette indication hâtive, non confirmée par la suite, démontre la difficulté d'une telle recherche.

De telles études continuent, mettant en œuvre des antennes de plus en plus sensibles, en particulier grâce à l'utilisation de la cryogénie. On développe également des antennes sphériques multidirectionnelles, mais l'espoir actuel se concentre sur une autre technique, celle des interféromètres qui permettent une gamme de sensibilité en fréquences beaucoup plus étendue.

Les interféromètres

Le calme de la terre paraissait se confondre avec celui des cieux ; le mystère terrestre confinait à celui des étoiles.

F. DOSTOÏEVSKI, *Les Frères Karamazov*

Des télescopes très ambitieux, proportionnés à la mesure du défi, ont été construits pour détecter le phénomène d'ondes gravitationnelles. Ce sont des dispositifs extrêmement précis qui demandent, sous plusieurs aspects, la réalisation de prouesses technologiques inédites. Déjà complètement assemblés, ils sont en phase d'ajustements et l'observation va débuter très prochainement.

La technique est fondée sur l'interférométrie. On mesure en permanence la longueur de deux bras optiques orthogonaux dans lesquels circulent deux faisceaux de lumière provenant d'un unique laser, les deux faisceaux se réfléchissant sur des miroirs terminaux. En fait, on espionne une différence momentanée de trajet entre les deux parcours optiques par le suivi des franges d'interférences résultant de la recomposition des deux faisceaux. Cette technique permet d'atteindre des sensibilités extrêmement fines. En effet, l'ébranlement de l'espace témoin du passage d'une onde gravitationnelle se traduit par une infime différence de distance selon deux axes orthogonaux. Il s'agit de constater une variation relative des longueurs des deux bras, cette variation subsistant pendant une durée très courte et oscillant en suivant le passage de l'onde.

Un ensemble de deux antennes nommé Ligo a été construit aux États-Unis, avec une station sur la côte Ouest et l'autre sur la côte Est. En Europe, une collaboration franco-italienne travaille sur une antenne similaire nommée Virgo (car un premier signal est escompté en provenance de l'amas de la Vierge) qui est située dans une plaine près de Pise. Chacun des bras mesure 3 kilomètres de longueur et le dispositif est très visible d'avion.

Le but est de détecter des variations relatives de l'une des branches de l'interféromètre par rapport à l'autre de l'ordre de 10^{-18} mètre ! Le défi est énorme. On a vu que 10^{-18} mètre correspond actuellement à la limite supérieure associée à la taille des constituants élémentaires. Ainsi, on veut détecter une variation de distance inférieure aux dimensions d'un électron. Comment cela est-il possible ?

Les difficultés à résoudre sont multiples. Tout d'abord, il faut tenir compte de bruits environnants tout à fait prosaïques dont les amplitudes sont énormes devant le signal recherché. Une autoroute passant dans le voisinage induit des variations sismiques dépassant par de nombreux ordres de grandeur l'effet recherché. Pour s'en délivrer, la partie sensible du détecteur doit être protégée contre toutes les déformations mécaniques par sept étages d'amortisseurs successifs. Un jeu complexe de filtres de suspension faisant 10 mètres de hauteur assure l'isolation de chacun des composants optiques, c'est-à-dire des miroirs en bout de bras. Il faut absolument découpler du reste du monde environnant les miroirs suspendus qui délimitent les distances à examiner.

Une autre perturbation doit être contrôlée parfaitement, celle provenant du gaz résiduel présent dans l'enceinte. En effet les molécules bombardent continuellement les miroirs, et l'effet recherché est si petit qu'il faut aller jusqu'à tenir compte de ces collisions microscopiques. Le problème est résolu par l'ultravide. L'enceinte où se propage la lumière constitue le plus grand volume de vide au monde, car les tubes non seulement ont une longueur de 3 kilomètres, mais ils doivent par ailleurs être larges, ils mesurent 2 mètres de diamètre de telle sorte que leurs parois ne perturbent pas la progression du faisceau laser.

Autre difficulté, la surface des miroirs doit être la plus uniforme possible sinon un défaut pourrait simuler une variation de parcours. Là encore la technologie est poussée à sa limite puisque les surfaces sont usinées au nanomètre près (10^{-9} mètre).

Au-delà des prouesses techniques, comment en arrive-t-on à cette précision diabolique ? Tout d'abord, le laser est réfléchi de multiples fois lors de sa propagation. Cela revient à considérer une longueur totale de parcours équivalente à plusieurs centaines de kilomètres. Une variation relative est donc amplifiée par le nombre d'allers et retours. La mesure au final est limitée par la statistique affectant le nombre de photons qui sondent les distances et pour cela il faut multiplier l'intensité du laser en recyclant le flux lumineux. La puissance effective atteint le kilowatt.

Heureusement, le signal d'ondes gravitationnelles recherché ne se limite pas à une variation soudaine des longueurs qui demeureraient fixes jusqu'au passage de la prochaine onde. Une onde oscille et donc on attend une variation au cours du temps présentant une dépendance caractéristique. La recherche se fait dans certaines gammes de fréquences que les théoriciens qui calculent les effets attendus prédisent favorables. Le signal recueilli au niveau de la quantité de lumière recueillie après interférence des deux faisceaux finaux va donc être analysé avec des filtres recherchant une vibration qui se répète de multiples fois en montrant une fréquence fixée. La variation éventuelle de chemins entre les deux lasers est mesurée à de nombreuses reprises consécutives, c'est ce qui explique l'optimisme des physiciens confiants de détecter prochainement le phénomène malgré une amplitude désespérément petite.

La gamme de fréquences pour laquelle l'interféromètre Virgo est optimisé s'étend de quelques hertz à quelques kilohertz. La région de sensibilité maximale est centrée vers le kilohertz, là où sont escomptés les signaux d'effondrement de supernovae. À basses fréquences la plage de recherche est limitée par les bruits sismiques, et à hautes fréquences par la nature quantique de la lumière.

Plusieurs candidats existent dans le ciel qui représentent des sources potentielles d'ondes gravitationnelles. Les meilleurs semblent être les supernovae et les coalescences de systèmes binaires. L'ébranlement ne peut naître trop loin de nous, puisque comme tous les phénomènes physiques, l'intensité du signal décroît comme le carré de la distance d'éloignement. Les dispositifs actuels devraient être sensibles à des événements engendrés dans notre Voie lactée et jusqu'à l'amas de Virgo.

Après de nombreuses années de mise au point les interféromètres arrivent en période d'exploitation. Les recherches à long terme vont démarrer. Ainsi Virgo débute en 2006 ses observations scientifiques. Dans quelques années, les interféromètres seront peut-être en état d'annoncer la découverte très attendue d'une déformation de l'espace-temps, signe du passage d'ondes gravitationnelles.

L'ambition spatiale

Ainsi tourne le monde à travers la nuit énormément menaçante et silencieuse.

L. F. CÉLINE, *Voyage au bout de la nuit*

Avant que la génération actuelle d'interféromètres ait donné le moindre résultat, on propose déjà la prochaine étape. Toujours plus grand, toujours plus calme, le projet futur, qui est déjà en phase d'évaluation, se déroulera dans le silence des espaces intersidéraux, et là pas de bruits d'autoroute à étouffer ou de villages à éviter, on peut envoyer des lasers voyager sur de belles distances.

Le défi est de taille. Le projet, cette fois-ci soutenu par une collaboration mondiale, a pris pour nom LISA (Laser Interferometer Space Antenna). Ses observations sont déjà programmées pour commencer dès 2015. Il s'agira d'un interféromètre consistant en trois satellites volant en formation sur l'orbite terrestre à la suite de la Terre. Les trois vaisseaux voyageront en formant un triangle, dont le plan changera d'orientation de telle sorte que l'on observe tour à tour toutes les directions du ciel. L'ensemble orbitera autour du Soleil.

Chaque bras aura 5 millions de kilomètres de longueur, il n'y a guère de limite dans le ciel. Cela correspond à un trajet de 17 secondes. Chaque satellite sera pourvu de deux miroirs et de deux lasers. De chaque laser émettant une puissance de 1 watt, on ne récupérera sur les miroirs que 100 picowatts du fait de la divergence du faisceau.

Le but est de détecter une variation de la séparation entre deux satellites au niveau du picomètre (10^{-12} mètre). L'écart absolu semble beaucoup plus facile à atteindre que les 10^{-18} mètre requis par les interféromètres au sol. Mais comme la distance observée est un million de fois plus élevée, la variation relative s'avère être du même ordre. Cela demande des techniques d'interférométrie très précisément testées. En fait on n'utilisera pas les méthodes standard fondées sur une variation d'amplitude des signaux lumineux reconstruits après interférence des lasers, mais l'interférométrie hétérodyne qui recherche un décalage en fréquences engendré par la variation de distances. Cette technique déjà bien étudiée se traduit par une recherche de variation non plus d'amplitude mais de temps, or on sait mesurer assez facilement les temps avec des précisions atteignant la nanoseconde.

LISA n'est pas en concurrence directe avec les interféromètres au sol. L'instrument est optimisé pour la mesure d'ondes gravitationnelles dans une région de fréquences très différentes de celles recherchées sur Terre. On s'intéresse maintenant à la gamme de 10^{-4} à 1 hertz. C'est une région où on attend des signaux beaucoup plus fréquents, qu'il s'agisse de formation de trous noirs ou de coalescences de systèmes binaires. En particulier on escompte, lors de collisions de galaxies, des coalescences entre les trous noirs qui siègent en leurs centres. Ce scénario prédit l'émission d'ondes gravitationnelles pendant des périodes de l'ordre de l'année, le phénomène peut donc être suivi sur de longues durées.

La région de basses fréquences visée par LISA est impossible à observer depuis la Terre à cause des bruits sismiques et autres parasites locaux trop intenses. Dans l'espace, il y a si peu de bruit affectant une telle mesure que les physiciens engagés dans le projet parlent du problème, non d'extraire un signal d'ondes gravitationnelles au-dessus d'un fond gênant, mais de distinguer et d'identifier les origines des différentes sources d'ondes que le dispositif détectera.

Une nouvelle astronomie se met en place. Elle sera capable de sonder le cœur de régions très denses de notre galaxie ainsi que des galaxies voisines puisque la matière est transparente aux ondes gravitationnelles. Les gravitons, sensibles à la seule interaction gravitationnelle, sont encore plus insinuants que les neutrinos.

Les ondes gravitationnelles ne sont pas seulement des témoins de phénomènes violents entre étoiles ou trous noirs. Ils renseignent aussi sur certains épisodes ayant pu apparaître lors de l'évolution de l'Univers. Ainsi la période dite d'inflation, qu'on imagine avoir immédiatement suivi l'instant zéro de l'Univers à peine naissant, a dû laisser son empreinte sous forme d'ondes gravitationnelles primordiales. L'inflation est une période bien mystérieuse de l'expansion. Nécessaire pour expliquer certains problèmes d'isotropie de l'Univers présent, on l'imagine comme une période très courte, qui se serait déroulée entre 10^{-35} et 10^{-33} seconde après le début de notre histoire. Pendant ce temps très bref, l'Univers se serait dilaté d'un facteur 10^{50}. Tous ces nombres donnent le vertige. Il semble pourtant que la signature de l'inflation se lise dans les résultats récents obtenus en détectant le fond cosmologique. Cette expansion énorme et précipitée est aujourd'hui un ingrédient nécessaire dans notre compréhension de l'Univers qui autrement bute sur des incohérences. Plusieurs modèles d'inflation existent. Ils prédisent des ondes gravitationnelles engendrées par ce chambardement et qui subsisteraient jusqu'à notre temps présent. Ces ondes pourraient être détectables aujourd'hui et donneraient des indications de première main sur un tel phénomène. On parle même d'ondes gravitationnelles témoins d'un avant-Big Bang, et il serait très excitant de confirmer ou d'infirmer ces hypothèses. Un détecteur tel que LISA pourra peut-être tester le niveau de telles contributions bien que l'intensité prédite soit encore trop faible pour la sensibilité pourtant exceptionnelle de l'instrument envisagé.

CHAPITRE 13

Une carte encore désespérément vide

La masse manquante

> *Mais est-ce qu'il y avait quelque chose autour de l'Univers, pour montrer où il s'arrête, avant l'endroit où commence le rien ? Ça ne pouvait pas être un mur, mais il pouvait y avoir une fine, très fine ligne tout autour de toutes les choses.*
>
> J. JOYCE, *Portrait de l'artiste en jeune homme*

On sonde aujourd'hui le cosmos jusqu'aux frontières de notre Univers qui s'est ouvert au fur et à mesure de l'avancée d'une recherche de plus en plus sophistiquée. Bien sûr, le monde connu doit encore être précisé, mais on peut avancer l'idée que les grandes lignes de la connaissance sont esquissées dans le cadre actuel de la physique. Nous nous retrouvons dans l'état des physiciens de la fin du XIXe siècle qui pensaient avoir résolu tous les mystères du monde qui les entourait. Il ne restait que deux énigmes à élucider : d'une part la constance de la vitesse de la lumière, et d'autre part les spectres d'émission lumineuse des éléments. Ces deux énigmes furent à l'origine des deux révolutions conceptuelles du XXe siècle, la relativité d'un côté, la mécanique quantique de l'autre.

La physique des extrêmes a enchaîné des moments glorieux, et la recherche a élargi les confins de la connaissance d'une manière impressionnante. Pendant le siècle écoulé, les frontières du domaine balisé ont été repoussées de huit ordres de grandeur, tant dans la direction de l'infiniment petit que dans celle de l'infiniment grand. Il est difficile d'espérer extrapoler de tels progrès dans les années à venir.

Il reste pourtant deux énigmes qui tendent à éloigner la fin de la physique fondamentale telle qu'on la comprend aujourd'hui : la masse manquante ou cachée de l'Univers qui représenterait 25 % de sa masse totale, et l'énergie noire encore plus énigmatique, présente selon les modèles actuels à hauteur de 70 %. La nature nous cache encore beaucoup de choses. Toutes les prouesses que la physique a démontrées durant le XXe siècle n'auraient servi en définitive qu'à comprendre environ 4 % de la masse totale de l'Univers. Ce résultat devrait rendre modeste.

La masse manquante concerne un problème astrophysique mis à jour dès les années 1930. Les galaxies visibles contiennent une quantité de matière bien supérieure à celle correspondant à la seule composante émettant de la lumière. En particulier, les galaxies s'entourent d'un halo sombre, de forme plus ou moins sphérique s'étendant bien au-delà du bulbe, et il existe de fortes présomptions pour penser que cette matière est constituée d'une composante non baryonique, c'est-à-dire complètement étrangère au domaine de la physique actuelle des particules. Ce résultat est encore totalement mystérieux quant à son interprétation, mais il est bien prouvé expérimentalement.

Comment a-t-on mis en évidence l'invisible ? C'est l'histoire répétée de l'astronome Le Verrier qui prédit l'existence de la planète Neptune en observant de petites fluctuations dans la trajectoire d'Uranus. La gravitation est souveraine pour expliquer les mouvements des planètes, et si une trajectoire semble en désaccord avec le calcul, il faut trouver la source dans l'oubli d'un acteur gravitationnel caché. De même les mouvements de galaxies dans certains amas indiquent l'existence d'une masse beaucoup plus abondante que la seule masse visible.

L'étude peut se limiter à des objets gravitant dans une galaxie. Par le théorème dit du viriel, la dynamique d'objets périphériques donne une estimation de la masse totale incluse à l'intérieur de la trajectoire. On mesure les vitesses de rotation pour des objets de plus en plus distants du centre, et on observe que les vitesses correspondantes ne décroissent avec la distance selon la prédiction. Cela indique une masse très augmentée, sans rapport avec la masse émettant de la lumière. Une grande composante de masse effective n'est pas visible. Cette constatation peut se généraliser aux amas de galaxies.

Une dernière indication conforte ces observations. Elle provient de l'étude de ce qu'on nomme les arcs gravitationnels. Il s'agit d'une sorte de mirage dans le ciel causé par la présence d'objets gravitationnels, c'est-à-dire d'objets très massifs. Un exemple d'arc est montré sur www.noao.edu/outreach/aop. On voit l'image réfractée d'une galaxie lointaine à travers la lentille d'une grande masse disposée sur le parcours de la lumière. Ce phénomène permet de calculer la masse incluse sur le trajet, elle est trouvée très supérieure à celle évaluée par la seule lumière détectée.

Une partie de cette masse manquante est présente sous forme baryonique, c'est-à-dire sous forme de matière ordinaire. Cette masse baryonique invisible forme d'immenses nuages de gaz qui constituent les réservoirs où naissent les nouvelles étoiles. Mais on sait, par l'étude de la nucléosynthèse des premiers instants, que cette composante ne peut expliquer que 4 % de l'Univers. Au total, la masse manquante excède de beaucoup la quantité de matière attendue sous la forme ordinaire. De quoi s'agit-il donc ?

Dans les années 1990, l'espoir s'était porté sur les neutrinos pour expliquer cette masse cachée. En effet le Big Bang a laissé derrière lui, non seulement la matière constituant les étoiles, non seulement le fond cosmologique micro-onde de photons aujourd'hui finement étudié, mais aussi un fond de neutrinos, au niveau de 300 dans chaque centimètre cube de tout l'espace. Cette densité semble bien dérisoire quand on se souvient du nombre d'Avogadro qui caractérise la matière : environ $6\ 10^{23}$ atomes sont présents dans chaque centimètre cube (pour une densité de matière de 1 gramme par centimètre cube). Mais la matière reste confinée dans des volumes extrêmement petits : les planètes et les étoiles. À grande échelle, l'Univers est presque entièrement vide. En revanche, les neutrinos emplissent tout le volume de l'Univers mis à leur disposition à hauteur de la densité indiquée. Au total, les neutrinos sont environ 3 milliards de fois plus abondants que les autres particules de matière, protons et neutrons en tête, qui construisent la matière ordinaire. Notons que ces neutrinos cosmologiques n'ont jamais été détectés, mais cela s'explique par leur énergie extrêmement faible qui rend pratiquement impossible toute observation. En revanche, leur énorme population laissait espérer des conséquences gravitationnelles, puisqu'il aurait suffi que leurs masses avoisinent 10 eV/c^2 en moyenne pour expliquer la fameuse masse manquante. L'explication était plausible et élégante, mais la nature ne s'est pas pliée à cette solution. Comme on l'a vu dans la discussion sur les oscillations, les résultats actuels tendent à expliquer de l'ordre de 1 % seulement de la masse totale de l'Univers sous forme de neutrinos. Ce n'est pas totalement négligeable puisqu'une telle contribution avoisine celle de toutes les étoiles visibles, mais c'est loin de suffire pour expliquer la mystérieuse composante de matière noire.

Ces 25 % du contenu énergétique de l'Univers ne peuvent s'expliquer dans le cadre du modèle standard des particules élémentaires. En effet le seul candidat connu ayant très peu d'interactions avec la matière est le neutrino. Mais on vient de voir que cette explication ne tient pas. En fait, d'autres considérations invalident l'hypothèse que les neutrinos forment la masse manquante. Des objets de faible masse ne peuvent être à l'origine de la formation des galaxies à l'échelle observée. Un nuage de neutrinos ne pourrait s'agglutiner que sur des dimensions très supérieures aux dimensions galactiques.

Il faut donc imaginer un autre support à cette énigmatique masse. Heureusement, les physiciens sont imaginatifs et les théories invoquées au-delà du modèle standard ne manquent pas pour offrir des candidats potentiels. L'objet tenant la corde est la particule la plus légère des représentants d'une nouvelle famille appelée supersymétrique.

Le diable l'emporta au milieu des étoiles.
— Elles s'attirent autant qu'elles se repoussent. L'action de chacune résulte des autres et y contribue, sans le moyen d'un auxiliaire, par la force d'une loi, la seule vertu de l'ordre.

G. FLAUBERT, *La Tentation de saint Antoine*

La théorie de la supersymétrie a l'ambition d'unifier dans un même traitement les bosons et les fermions, c'est-à-dire les particules de champ (spin entier) et celles de matière (spin demi-entier). Elle permet également de rapprocher les trois interactions opérantes dans l'infiniment petit. Cette théorie est donc plébiscitée par les théoriciens. Le prix à payer est la multiplication des objets élémentaires concourant à sa construction. En effet, la théorie nécessite de nouvelles particules ayant des propriétés similaires à celles des neutrinos dans la mesure où elles ne subissent ni les interactions nucléaires ni celles électromagnétiques, mais qui seraient dotées de masses très supérieures. Le beau programme qui jette un pont entre fermions et bosons demande en échange un doublement du nombre de particules existantes. À chaque fermion connu on associe un nouveau boson et *vice versa*. N'est-ce pas trop cher payé ? Quand on pense à W. Pauli qui craignait en 1930 de paraître téméraire en proposant l'existence d'une nouvelle particule, le neutrino, on se dit que les théoriciens ont aujourd'hui davantage de culot.

Ces particules encore hypothétiques doivent être très massives, sinon on les aurait déjà découvertes. Elles doivent par ailleurs subir très peu d'interactions avec la matière ordinaire. Si elles existent vraiment, elles constituent donc de bons candidats pour la matière noire. En particulier, la phénoménologie associée à cette nouvelle famille prédit que la plus légère de ces particules est stable. De masse environ 100 fois celle du proton, le Big Bang l'aurait abondamment produite, à un niveau proche de celui des autres particules, et elle subsisterait dans le monde actuel. C'est donc un candidat idéal pour résoudre le problème astrophysique discuté ici. La solution est relativement simple et élégante, ce qui ne veut pas dire que la nature se plie à cette recette. Dans une incarnation de cette théorie, on appelle cette particule le neutralino, elle est une combinaison des partenaires supersymétriques du photon, du Z^0 et du boson de Higgs, particule encore à découvrir à l'origine des masses. À moins que la masse manquante ne soit formée du gravitino, compagnon supersymétrique du graviton ! Il reste encore une latitude de choix dans le riche bestiaire proposé.

Il faut donc imaginer notre planète se déplaçant dans un nuage invisible de telles particules mystérieuses. Les interactions avec la matière ordinaire ont une probabilité certainement très faible de se réaliser. Pour corser la détection, les collisions éventuelles correspondent à des transferts minuscules d'énergie. Les particules recherchées sont donc très difficiles à mettre en évidence. Pourtant, des expériences ultrasensibles sont à l'écoute de leur passage. Elles se postent dans de profonds tunnels ou s'enterrent dans des mines pour éviter le rayonnement cosmique le plus trivial des muons qui donnerait, comme dans le cas d'expériences sur les neutrinos, des signaux parasites trop abondants. Pour le moment, les résultats restent négatifs, et la chasse continue car les prédictions sont assez disparates, et il n'existe pas de clair niveau à partir duquel la recherche devient caduque.

Démontrer que la masse manquante de l'Univers se compose d'une telle mer de nouvelles particules, non seulement éluciderait une énigme troublante de la cosmologie, mais éclairerait également d'une nouvelle lumière les particules fondamentales et leurs interactions. C'est donc un fameux défi pour la recherche actuelle.

Des galaxies sombres ?

Il y a davantage de choses sur Terre et dans les cieux, Polonius, que ce qui fait rêver notre philosophie.

W. SHAKESPEARE, *Hamlet*

La masse cachée constitue donc une fraction importante du bilan énergétique de l'Univers, à hauteur de 25 % du total, c'est-à-dire au moins 5 fois supérieure à la part à mettre au compte de la matière ordinaire qui elle-même constitue les étoiles à hauteur d'une petite fraction. Dans l'évolution de l'Univers, ces particules de masse cachée doivent suivre un scénario assez semblable à celui subi par la matière ordinaire, et on peut imaginer des amas de ces mystérieux objets nouveaux se formant *a priori* indépendamment de la matière hadronique, celle qui se révèle par la lumière qu'elle nous envoie. En fait, les simulations informatiques qui tentent de comprendre la masse manquante prédisent la présence de davantage de halos sombres que de galaxies visibles, ce qui amène à l'idée de galaxies majoritairement sombres, c'est-à-dire pour lesquelles la matière ordinaire est presque complètement absente. Encore une fois, comment peut-on mettre en évidence l'invisible ? Indirectement à nouveau, comme pour la planète mise à jour grâce aux calculs de Le Verrier. La technique a fait école et on recherche un effet perturbant la dynamique d'objets qui eux peuvent être suivis. La trajectoire d'une étoile ou d'un nuage qui se laisse détecter peut indiquer la présence de l'invisible matière manquante dans son voisinage. Dans un autre registre, c'est aussi la méthode adoptée pour la recherche des exoplanètes.

Des radio-astronomes semblent avoir découvert une telle galaxie presque entièrement sombre dans l'amas de la Vierge, à quelque 50 millions d'années-lumière de notre Terre. On lui donne le nom de VirgoHI121. Cette galaxie aurait piégé des nuages de gaz, c'est-à-dire de la matière hadronique ordinaire, et l'étude se fonde sur la distribution d'atomes d'hydrogène détectés grâce à leur émission radio. Le nuage d'hydrogène présent est énorme, il pèse 100 millions de fois le Soleil. Son mouvement de rotation étudié avec précision indique que le simple gaz détectable par l'émission lumineuse ne suffit pas pour expliquer les observations. La vitesse des atomes périphériques du nuage résulte en une masse totale mille fois supérieure à la seule quantité d'hydrogène. Cela semble indiquer la présence d'une masse sans commune mesure avec les atomes de gaz directement observés. Or une telle concentration de masses devrait donner une galaxie visible composée d'étoiles normales si la matière était ordinaire.

L'idée de galaxies sombres est après tout fort naturelle, si on croit à la présence de cette masse manquante sous forme de particules. Avec cinq fois plus de matière sombre que de matière ordinaire, il est probable que des galaxies sombres puissent se former par attraction gravitationnelle dans des ensembles où la densité de matière ordinaire est trop faible pour créer les conditions de formation des étoiles. La galaxie étudiée peut trouver d'autres explications à son existence, mais l'hypothèse de galaxie sombre semble validée. VirgoHI121 pourrait être le premier exemplaire d'une longue série.

Extrayant toutes les conséquences du scénario envisagé, les particules inconnues qui se propagent dans l'espace doivent perdre leur énergie lors de collisions successives avec des corps massifs comme les étoiles ou même les planètes. Ainsi on s'attend que ces particules, si elles existent, freinent leur mouvement et s'accumulent dans les puits gravitationnels que sont, tout proche de nous, le centre de la Terre, ou plus éloigné celui du Soleil ou de la galaxie. Or ces particules sont leur propre antiparticule, du moins dans le modèle théorique préféré. Après s'être accumulées, elles peuvent se rencontrer et s'annihiler deux à deux pour engendrer des paires de photons ou de neutrinos caractéristiques. Les télescopes sur Terre sont prêts à observer un tel signal en pointant dans les directions où s'accumule la matière. Pour le moment, aucun résultat ne corrobore cette suite d'hypothèses.

L'énergie noire

> *Le ciel, ce dais splendide, ce magnifique plafond, ce toit majestueux, constellé de flammes d'or, eh bien ! il ne m'apparaît plus que comme un noir amas de vapeurs pestilentielles.*
>
> W. SHAKESPEARE, *Hamlet*

Encore plus mystérieuse que la masse manquante dont on sent les effets d'ensemble à travers la gravitation, l'énergie noire pose un problème autrement ardu. Au contraire de la masse noire, il n'y a aucune explication plus ou moins aisée dans le cadre d'une théorie cohérente pour comprendre la nouvelle énigme. La présence de cette composante, découverte il y a seulement quelques années, se traduit par une accélération de l'expansion de l'Univers. Ce n'est pas banal puisqu'un monde dominé par la matière ou le rayonnement doit se refermer un jour sur lui-même du fait du caractère attractif de la gravitation. Pour le moins, l'expansion devrait être freinée au cours du temps. C'est ce qui se passe avec une balle lancée dans les airs, la Terre ralentit progressivement sa vitesse d'ascension et finit par la faire retomber. Dans le cas discuté, il semblerait que la balle soit au contraire repoussée de plus en plus rapidement, la gravitation cesse d'être une force attractive. Que se passe-t-il ?

Plusieurs résultats semblent confirmer cette hypothèse révolutionnaire : la structure à grande échelle des répartitions de galaxies, la mesure du fond cosmologique qui donne avec précision la quantité totale de matière présente dans l'Univers, sous forme hadronique ou autre évaluée à 27 %, et surtout la dynamique de l'espace-temps à grande dimension telle qu'elle est révélée par l'étude de supernovae très lointaines.

On est capable aujourd'hui de détecter des supernovae distantes de 10 milliards d'années-lumière, ou plutôt dont le signal a été envoyé il y a 10 milliards d'années. On a parlé de supernovae comme sources de neutrinos, il s'agissait alors de supernovae dites de type II signant l'effondrement gravitationnel d'une étoile qui a épuisé tout le cycle nucléaire de son carburant. Dans le cas présent, on considère des supernovae de type Ia, qu'on comprend comme l'échange entre une étoile et un compagnon dont elle attire la matière jusqu'à ce qu'elle explose au moment où elle atteint une masse critique, que les calculs estiment à

1,4 masse solaire. Cette masse est toujours la même, du moins à la lumière de nos connaissances actuelles. Ainsi, de telles explosions libèrent dans l'espace un flux de lumière *a priori* constant. On parle de chandelles standard. La position de ces supernovae, c'est-à-dire leur éloignement par rapport à nous, est mesurée comme à l'habitude par le décalage vers le rouge de la galaxie hôte.

Or la surprise fut de constater que plus les supernovae sont lointaines, moins elles semblent lumineuses, le simple effet de distance étant bien entendu pris en compte et corrigé. Les flux de lumière reçue sur Terre décroissent normalement comme le carré des distances. Dans le cas présent la variation est supérieure à celle prédite par le seul éloignement. On a suggéré des poussières absorbant la lumière, on a parlé de fatigue des photons. Ces explications semblent exclues et la perte de luminosité s'interprète comme une accélération de l'expansion de l'Univers. Si l'on préfère, l'expansion de l'Univers au moment de l'explosion de la supernova étudiée, c'est-à-dire dans des temps très anciens, à seulement quelques milliards d'années après le Big Bang, était plus lente qu'aujourd'hui. Pour comprendre ce phénomène, il faut imaginer une « pression négative » agissant contre la gravitation ordinaire et gonflant en quelque sorte l'espace. Mais personne à l'heure actuelle ne sait exactement de quoi il s'agit. Cette pression négative met en jeu un « fluide » inconnu, on l'appelle l'énergie noire.

Le fait troublant est que cette énergie noire à peine entrevue récemment dans les données expérimentales expliquerait la plus grande partie de l'énergie présente dans l'Univers, à hauteur de 70 %. Ce n'est pas une correction anodine au bilan énergétique ! C'est beaucoup plus qu'un simple ajustement de paramètres, il s'agit de la composante majeure du monde où nous vivons, et nous venons seulement d'en prendre conscience !

Ce résultat demande à réviser nos notions sur le futur de l'Univers. Les scénarios précédemment admis pour notre avenir prévoyaient soit une expansion continue quoique freinée, soit une contraction amenant l'Univers jusqu'à un Big Crunch terminal, image du Big Bang initial. Si l'accélération entrevue devait se confirmer, le ciel pourrait devenir peu à peu vide de galaxies, c'est-à-dire que les galaxies les plus proches nous auraient suffisamment fui pour être à une distance telle que leur lumière ne nous parvienne plus, et ce dans quelque 150 milliards d'années seulement ! Toutes les galaxies aujourd'hui visibles disparaîtraient les unes après les autres, passant au-delà du « mur » de la lumière. Elles continueraient à émettre des signaux lumineux, mais il faudrait aux photons qu'elles produisent un temps infini pour parvenir jusqu'à nous. Pour l'heure, il s'agit de spéculations et on ne pourra se prononcer sur la destinée de l'Univers avant d'avoir une idée plus claire de la nature de cette mystérieuse énergie sombre.

De quoi peut-il s'agir ? On connaît en physique des particules l'énergie du vide qui grouille constamment de fluctuations quantiques, et cette énergie est mise en évidence expérimentalement sur de petites échelles. Or l'extension de cette énergie du vide à l'ensemble de l'Univers amène à une violente contradiction. L'énergie du vide calculée en physique des particules est beaucoup trop grande. L'accélération correspondante serait telle que la « gravité répulsive » aurait déjà détaché la Terre du Soleil.

Alors quelles autres hypothèses ? Toutes sont recevables, puisque peu de contraintes existent encore, et parmi elles, certains tentent de lier l'énergie noire à d'autres composantes connues d'énergie. La première sollicitée est celle des neutrinos encore suffisamment mystérieux pour leur faire porter la responsabilité de ce phénomène troublant.

Pour le moins les neutrinos existent, et ils sont très abondants, mais de simples neutrinos tels que nous les avons présentés ne feraient guère l'affaire, ce sont des particules de matière au même titre que les électrons ou les protons et leur effet est de recourber l'Univers par pure gravitation. Il faut donc les doter de propriétés spéciales, et un modèle récent imagine que leurs masses varient au cours du temps. On ne possède que depuis peu des indications de masses de neutrinos et déjà les théoriciens veulent complexifier ces propriétés. Ils ne reculent devant aucune nouveauté et le modèle suggère que les masses ont évolué au cours de l'expansion de l'Univers, augmentant au fur et à mesure où leur densité diminuait par le fait d'un espace accru. Ce n'est encore qu'une spéculation mais les physiciens aiment imaginer des scénarios nouveaux, et une telle hypothèse pourrait être mise à l'épreuve dans des expériences sur Terre. *Se non è vero…*

L'énergie noire pose un nouveau problème d'ajustement critique des paramètres de l'Univers. Nous semblons vivre dans un moment très privilégié de l'histoire cosmique. En effet, l'énergie noire semble dominer les autres formes de matière mais seulement depuis très récemment, cosmologiquement s'entend. On a dit que cette énergie constitue aujourd'hui 70 % du contenu de l'Univers. À l'âge de 3 milliards d'années, elle ne correspondait qu'à 1 %, et elle saturera toute l'énergie vers 50 milliards d'années. C'est un problème de coïncidence qui trouble toujours les cosmologistes qui demandent « pourquoi justement aujourd'hui ? » Cela a-t-il quelque chose à voir avec notre existence ?

Certains agnostiques préfèrent mettre en doute l'existence d'une nouvelle forme d'énergie et même tentent d'éviter l'introduction de nouvelles particules en supposant « simplement » que peut-être à grande échelle la gravitation n'est plus ce qu'elle paraît dans notre voisinage proche ou que les équations de la relativité générale n'ont pas été correctement résolues. Dans le premier ordre d'idées, la constante de Newton pourrait être modifiée à grandes distances, peut-être en conjonction avec l'ouverture de dimensions nouvelles qui sont à la mode dans le cadre de théories spéculatives. Après tout, la « constante » de Hubble est variable ainsi que la « constante » de structure fine, pourquoi pas celle de Newton ? Le fin mot de l'histoire n'est pas encore écrit, et pour accepter entièrement les scénarios envisagés, il faudra prouver l'existence expérimentale directe des particules de masse manquante ou des champs associés à l'énergie noire.

Retour sur Terre

> *Le ciel vous appelle et tourne autour de vous, en vous montrant ses beautés éternelles, et vos yeux cependant ne regardent que la terre.*
>
> DANTE, *Purgatoire, Chant 14*

On a souligné à plusieurs reprises le fait que l'astroparticule représente une interface entre l'infiniment petit et l'infiniment grand en offrant une synergie entre l'astrophysique et la physique des particules. Pourtant, nous avons depuis longtemps quitté l'horizon des expériences aux accélérateurs qui n'ont fait que prêter leurs techniques pour le développement des considérations discutées au cours de ce livre.

Des observations strictement astronomiques ont révélé les deux énigmes les plus criantes du jour : la masse cachée et l'énergie noire contenues dans l'Univers. Néanmoins, la confirmation et la détermination ultime de ces nouvelles notions pourraient venir de leur détection directe dans des expériences effectuées sur Terre. En particulier de grands espoirs existent quant à la découverte des porteurs de la masse cachée.

Si effectivement des particules mystérieuses traversent sans cesse notre environnement, leur passage devrait laisser quelques traces. La difficulté vient de ce que ces signes sont très difficiles à mettre en évidence, car ils conjuguent la rareté et la petitesse des effets. Les signaux de neutrinos solaires ou de supernovae sont par comparaison un jeu d'enfant. Néanmoins, les effets sont calculables une fois fixée la masse de ces nouvelles particules, et donc la pêche ne se fait pas entièrement en aveugle. En pratique, les connaissances de la cosmologie fixent la densité énergétique de ces objets et leur abondance ne dépend plus que du choix de leur masse. On sait que la masse manquante correspond à 300 MeV d'énergie dans chaque centimètre cube de notre environnement. On calcule donc le flux des hypothétiques particules, sachant que la Terre voyage par rapport à un repère lié à l'Univers à la vitesse de 370 km/s. Il est donc possible de prédire l'effet de leur passage dans des détecteurs installés pour les observer si l'on fait l'hypothèse du type de leur interaction.

Des expériences à la sensibilité inégalée sont à l'écoute d'un tel subtil vent, grâce à des capteurs enfouis dans de profonds sous-terrains. Par exemple, l'un d'entre eux veille sous le tunnel routier du Fréjus depuis plusieurs années.

L'expérience s'enterre pour diminuer le flux de rayons cosmiques ordinaires qui se trouve réduit à 4 coups par mètre carré et par jour contre les 100 coups par seconde et mètre carré mesuré à l'air libre. Le dispositif porte le joli nom d'Edelweiss. Ayant une masse avoisinant le kilogramme, il se protège derrière un blindage en partie constitué de plomb archéologique, le plomb neuf étant trop radioactif du fait de sa métallurgie récente. À l'heure actuelle, seules ont été trouvées des limites sur l'existence des particules recherchées, mais cela a permis de rejeter certains modèles optimistes censés les expliquer. Les prochaines générations d'expériences espèrent atteindre des niveaux de sensibilité encore accrus, cette fois suffisants pour mettre en évidence de telles interactions au niveau prédit par les modèles les plus contraints.

Une autre stratégie consiste à détecter l'annihilation de ces particules de matière manquante. Étant leur propre antiparticule, elles peuvent disparaître quand elles se rencontrent en produisant une paire de particules ordinaires. Comme on l'a expliqué, ces nouvelles particules, du fait de leurs masses élevées, devraient être piégées dans les régions de l'espace particulièrement denses. Elles s'y accumuleraient et, amenées suffisamment proches les unes des autres, elles pourraient s'annihiler deux à deux. Ce phénomène devrait résulter en des photons ou des neutrinos de haute énergie assez facilement détectables car provenant de directions de régions favorables. On pense au centre de notre galaxie, ou plus proche de nous le centre du Soleil ou celui de notre Terre. Le signal est caractéristique, puisque chacune des particules produites, que ce soit photon ou neutrino, porte l'énergie correspondant à la masse des particules responsables. C'est un critère très fort de sélection. Ainsi, tant les télescopes Cerenkov du type de HESS, que les télescopes à neutrinos du type d'ANTARES pourraient-ils finalement s'avérer les plus adaptés pour la découverte de la matière noire.

On a esquissé l'idée que l'énergie noire pourrait être expliquée par des neutrinos de masse variable. Qui dit masse de neutrinos pense à oscillations, et le test expérimental demanderait d'analyser les oscillations en fonction de la densité des milieux traversés par les particules analysées. En effet, dans ce modèle, la masse effective des neutrinos diffère selon la densité de la matière franchie lors du voyage. Pratiquement, cela revient à reconsidérer le flux des neutrinos atmosphériques qui proviennent de tous les horizons et qui, pour certains, traversent le centre de la Terre où la densité atteint dix grammes par centimètre cube, tandis que la croûte est limitée à deux grammes. Cela demande une expérience capable de distinguer avec précision la direction d'arrivée des neutrinos, ce que ne peuvent faire aisément les détecteurs actuels. Cela donne potentiellement une nouvelle direction de recherche.

Et les accélérateurs ?

Ces terribles parrains des lumières du ciel, qui donnent un nom à toutes les étoiles fixes, ne profitent pas plus de leur clarté nocturne que ceux qui se promènent en ignorant qui elles sont.

W. SHAKESPEARE, *Peines d'amour perdues*

Plutôt que de chercher des signes qui proviennent du ciel, est-il possible de répondre à ces questions d'astrophysique en produisant sur Terre ces particules grâce aux accélérateurs ? Dans astroparticule, il y a particule, ne l'oublions pas ! On a l'habitude de dire que des collisions entre particules de très haute énergie fournies par les accélérateurs reproduisent à une échelle réduite les conditions proches de celles existant au moment du Big Bang. En effet, plus l'énergie des collisions est élevée, plus on se rapproche du temps origine. Alors, si le Big Bang a effectivement donné naissance à des particules encore inconnues, ces particules doivent être créées artificiellement dès que les conditions d'énergie nécessaire sont réalisées sur Terre. Dans l'esprit de l'astroparticule, la preuve de l'existence de nouveaux objets responsables de la masse manquante de l'Univers pourrait donc venir des accélérateurs de nouvelle génération. Même le gravitino, qui résistera le dernier à la détection directe parce qu'il n'interagit que très faiblement à travers la force de gravitation, devrait être testé au LHC, le nouveau collisionneur bientôt en service au centre européen d'accélérateurs, le CERN de Genève. D'énergie encore inégalée sur Terre, ce nouveau dispositif va permettre des collisions entre des protons animés de la prodigieuse énergie de 7 TeV contre d'autres protons de 7 TeV, à un taux jamais égalé. Avec une telle énergie disponible, on peut espérer produire des particules très massives jusqu'à des valeurs atteignant le TeV. Or on prédit des particules de masse 100 GeV pour expliquer la masse manquante. Pour donner un équivalent astrophysique, il y aura dix fois plus d'énergie dans une telle collision que dans celle naissant entre un proton cosmique à l'énergie du genou et un atome d'air. C'est une fenêtre entièrement nouvelle pour la recherche qui va s'ouvrir en 2007.

On a déjà esquissé les propriétés des nouvelles particules qui peuvent être à l'origine de la masse manquante, elles doivent présenter très peu d'interactions avec la matière, sinon elles auraient été déjà détectées, mais elles doivent se doter de masses très élevées. Même les neutrinos censés indétectables ont fini par se révéler quand les conditions d'observation ont été remplies, ces nouvelles particules devraient donc un jour se plier à la règle.

Comme on l'a esquissé, les théoriciens favorisent une hypothèse, l'espoir actuel étant que ces particules sont de type supersymétrique. On a parlé de cette théorie à la mode, elle prédit un foisonnement de particules nouvelles et parmi elles, la plus légère aurait les propriétés requises pour constituer la masse manquante détectée dans l'Univers. Or de telles particules pourraient être produites directement dans les collisions engendrées par le nouveau collisionneur. En fait, les prédictions existent déjà quant à leur création au LHC, la seule inconnue étant leur masse, et les physiciens imaginent des stratégies de découverte en fonction de tous les scénarios envisageables. La difficulté essentielle sera de les extraire d'autres événements qui relèvent de « l'ancienne physique ». Si elles existent réellement, de telles particules devraient être découvertes sans trop de difficulté. À dire la vérité, on recherche les particules supersymétriques à chaque inauguration d'un nouvel accélérateur, dès qu'une gamme plus étendue d'énergie s'ouvre, sans succès jusqu'à présent. Mais les énergies du LHC sont telles qu'une recherche négative tuerait probablement définitivement les idées qui sont à la base de la supersymétrie.

Pour extraire toute la physique qui s'ouvrira au LHC, des détecteurs formidables sont en construction. Par exemple, le détecteur Atlas, détaillé sur le site atlas.ch, est un dispositif énorme emplissant un volume de 40 mètres de long et 20 mètres de diamètre dans lequel chaque point de l'espace est connu au micron près. Le poids de 7 kilotonnes concurrence celui de la tour Eiffel. Une expérience colossale est nécessaire pour étudier l'infiniment petit. La physique aux accélérateurs grossit inexorablement depuis cinquante ans, et cette nouvelle étape résume bien l'évolution de la discipline.

L'ambition est extrême. Pour donner une idée de la complexité de l'appareillage, il suffit de dire que chaque millimètre cube de l'appareillage doit être précisément connu, non seulement sa position dans l'espace mais le champ magnétique régnant, la qualité de la matière y résidant... Or il y a un total de 10 000 milliards de millimètres cubes dans l'ensemble du détecteur. Toutes les particules produites dans l'interaction entre deux protons doivent être finement analysées. Il faut atteindre la précision du micron sur la reconstruction des traces. Assemblé autour de deux puissants aimants lovés l'un dans l'autre, le dispositif est muni de toute la panoplie des instruments utiles pour suivre précisément les trajectoires individuelles de particules. Il permet également d'identifier la nature de ces particules : on saura distinguer un électron, un photon, un muon... C'est un avantage remarquable car la théorie donne des pistes quant à la façon dont les particules supersymétriques doivent apparaître dans le détecteur ; elles se révèlent dans des canaux suffisamment typés pour espérer les rechercher avec grande efficacité.

Si la nature se plie à suivre les recettes préconisées par les modèles actuels, si donc les particules prédites pour expliquer la masse manquante de l'Univers sont découvertes, ce serait le dernier métissage entre l'infiniment grand et l'infiniment petit qui a été si bénéfique aux deux branches de la physique longtemps considérées comme diamétralement opposées l'une de l'autre.

On attend des surprises du LHC, et pour la santé de la discipline, elles sont à espérer. Parmi les scénarios possibles, on peut aussi imaginer la production de neutrinos très lourds, nécessaires dans certaines théories. Ils auraient également un impact sur l'astrophysique. Une autre éventualité est discutée actuellement : la création de minitrous noirs, c'est-à-dire des objets minuscules mais très chauds qui donneraient dans les détecteurs des signatures originales, par exemple des événements montrant des multiplicités anormalement élevées de traces. On parle aussi de dimensions supplémentaires au-delà des quatre dimensions auxquelles on s'est habitué depuis Einstein.

Les attentes du nouveau collisionneur LHC mettent la barre très haut. La machine pourrait s'avérer une usine prolifique d'astroparticules, et les énormes détecteurs en construction des témoins directs de leur existence. Ce serait une revanche sur l'expérience SuperKamiokande qui, construite pour l'astrophysique, a doublé les expériences sur accélérateurs dans les résultats d'oscillations de neutrinos pourtant longuement recherchées en laboratoire.

CHAPITRE 14

Le mythe scientifique

L'avenir des observations

J'ai toujours été l'ami des astronomes et le client des astrologues.

M. YOURCENAR, *Mémoires d'Hadrien*

Aujourd'hui, la physique des extrêmes donne une vision simple et aboutie de l'organisation de la matière, pour le moins dans ses grandes lignes. En un siècle de recherche, les frontières de la connaissance ont fait un pas de géant, progressant de huit ordres de grandeur, tant dans la direction de l'infiniment petit que dans celle de l'infiniment grand. Nous voyons des détails cent millions de fois plus fins, et nous explorons un Univers cent millions de fois plus vaste qu'il y a un siècle. Et bien sûr la connaissance théorique a progressé parallèlement, avec l'avènement de la relativité générale, essentielle en astrophysique et cosmologie, et celui de la mécanique quantique incontournable pour comprendre le comportement des particules. L'astrophysique et la cosmologie sont arrivées à la frontière pratique du connaissable, le Big Bang lui-même, et la physique subatomique bute contre l'indéterminisme des phénomènes quantiques.

Pourtant tout n'est pas résolu, loin s'en faut. Pour rester dans le cadre de cet ouvrage, l'origine des rayons cosmiques demeure partiellement incompréhensible, or il est important de résoudre cette énigme car elle teste les limites des processus de la physique bien connue aujourd'hui, et donc permet d'entrouvrir le voile sur une éventuelle « Nouvelle Physique » que tous attendent pour offrir un nouveau bail à la discipline. Sur un plan plus global, la matière manquante et l'énergie noire représentent de très grands mystères. Ces deux énigmes apparaissent comme les « pierres de Rosette » d'un monde entièrement inconnu encore à découvrir.

La nouvelle génération d'expériences dédiées à l'astroparticule a initié une observation différente de l'Univers toujours inexploré. Mais pour le moment, il faut bien admettre que les résultats posent plus de questions qu'ils n'apportent de réponses. Comme souvent dans la quête de la connaissance, quand on ouvre une nouvelle fenêtre préalablement bouchée, les choses se présentent différemment de ce qu'on attendait. C'est heureux pour l'intérêt de la recherche et la motivation des chercheurs. On peut donc espérer de l'analyse plus détaillée des signaux déjà observés dans le cadre de ce domaine encore naissant la révélation de surprises toujours en embuscade.

Même sans parier sur des résultats étonnants, la compréhension des énigmes déjà écrites dans les observations existantes constituerait un grand progrès. Tout d'abord, la coupure GZK est-elle strictement opérante ? Un physicien des particules répond : sans aucun doute car le comportement des particules se doit d'être identique dans toutes les circonstances. Si un tel effet devait être violé par les futures observations, il serait difficile de ne pas invoquer une nouvelle ère dont on ne cerne pas bien les contours. Nous voyons peut-être poindre les premiers signes de cette « Nouvelle Physique » qu'attendent avec impatience les physiciens. Ce pourrait être la violation de principes qu'on suppose sacrés à plus basse énergie, par exemple le principe relativiste, ce pourrait être l'existence d'objets très massifs témoins du Big Bang et qui se révéleraient par leurs désintégrations ou leurs annihilations.

Ce ne serait pas la première fois que le rayonnement cosmique remet en question les certitudes de la physique des particules. La seconde famille de constituants élémentaires est née avec la découverte du muon dans les rayons cosmiques, ce fut une particule tellement peu attendue qu'un physicien s'exclama : « Qui donc l'a commandé ? » Les oscillations de neutrinos représentent un autre résultat fondamental impliquant des particules et pourtant découvert, non aux accélérateurs où elles étaient activement recherchées, mais grâce à l'anomalie notée dans les flux de neutrinos naturels d'origines solaire et atmosphérique.

La période actuelle est riche d'initiatives ambitieuses visant à regarder différemment le ciel. Des observatoires très spécialisés se construisent couvrant, pour les uns, des milliers de kilomètres carrés de territoire, ou équipant, pour les autres, un kilomètre cube sous la glace ou dans les profondeurs de la mer. De nouvelles techniques sont mises au point pour aller encore plus loin dans la recherche de l'extrême. On s'intéresse à l'émission d'ondes radio ou d'ondes sonores produites lors du développement des gerbes de très haute énergie. Ces ondes particulièrement pénétrantes permettent d'envisager des cibles beaucoup plus volumineuses que celles utilisées aujourd'hui. Cela laisse augurer la mesure de flux encore plus minuscules, c'est-à-dire la détection d'énergies toujours plus élevées. Quant à la tentation du spatial, elle est toujours vive que ce soit pour observer les rayons cosmiques au-dessus de l'atmosphère terrestre, ou pour étudier des phénomènes très lointains décelables par l'émission d'ondes gravitationnelles.

L'Univers est de plus en plus ouvert à l'imagination de l'homme qui le sonde par toutes sortes de techniques ingénieuses. Des questions de plus en plus pointues se résolvent les unes après les autres. L'astroparticule est une science neuve qui n'a encore exploré que la surface de son domaine d'intervention et beaucoup de mystères demeurent à élucider. La frontière de la connaissance ne cesse d'être repoussée. Alors, un jour tout sera-t-il connu ?

Fin de partie ou prolongations ?

La chose la plus incompréhensible du monde, c'est que le monde est compréhensible.

A. EINSTEIN

Il paraît que cet Einstein mesure la vitesse du temps avec des coups de canon, des horloges en Mandchourie et des trains qui marchent dans tous les sens, si bien qu'on finit par ne plus s'y reconnaître.

R. QUENEAU, *Les Derniers Jours*

Oui, il est admirable que le monde se laisse commodément projeter et analyser dans notre cerveau. Mais l'Univers est-il entièrement intelligible ? L'homme réussira-t-il à comprendre un jour tous les phénomènes à l'œuvre qui s'offrent à sa curiosité dans le vaste monde ? Certes, il progresse chaque jour un peu plus, mais on peut se demander si la société continuera sans fin à subventionner les travaux d'une recherche de plus en plus coûteuse et de moins en moins communicable. La réponse n'est pas du tout évidente.

La place de l'homme dans l'Univers a varié au cours des siècles, du moins sa place pensée et rêvée. D'abord, s'imaginant au centre de la création, l'homme a été mis sur la touche par la révolution copernicienne et plus récemment par les connaissances de la cosmologie moderne. Il semble aujourd'hui coincé sur une minuscule planète, occupant une place bien dérisoire, égaré qu'il est à mi-chemin entre l'infiniment grand et l'infiniment petit et sa constitution physique même ne met en jeu qu'une composante très minoritaire de l'Univers.

... les choses intangibles n'en sont pas moins réelles, et de la terre aux astres, des astres à la terre, c'est un va-et-vient, une transmission, un échange continu.

G. FLAUBERT, *Bouvard et Pécuchet*

Peut-être arrivons-nous à un moment de la recherche où les confins de la connaissance s'annoncent proches, s'ils ne sont pas déjà atteints. Cela ne signifie nullement la fin de la recherche *per se*, mais les directions d'exploration en seraient changées. Jusqu'à présent, on se posait des questions telles que : « Qu'est-ce qu'il y a dedans ? » et : « Qu'est-ce qu'il y a au-delà. » Or les constituants élémentaires semblent sans structure interne, et au-delà du Big Bang la réalité ne se prête plus à l'expérimentation.

Si les frontières sont atteintes, il reste à étudier minutieusement les territoires entrevus, ce qui signifie, dans le cas des objets du cosmos, aller chercher au-dessous de la surface des objets répertoriés. Cela s'applique aux phénomènes célestes, et c'est le but de l'astroparticule qui sonde l'intérieur même des corps découverts. Cette branche de la physique donne donc un nouveau champ d'action aux physiciens, elle ouvre l'étude de la complexité structurelle dans le champ de l'infiniment grand. Des progrès sont déjà programmés puisque les résultats de grosses expériences en construction ou en projet ne sauraient tarder, et les grandes questions actuelles qui concernent la masse manquante et l'énergie noire, les rayons cosmiques de très haute énergie, les ondes gravitationnelles... devraient trouver assez rapidement une réponse. La suite ne dépend que de la volonté humaine d'investir dans la production de savoir pur.

D'autres études plus focalisées résoudront aussi des parties complémentaires de l'énigme universelle. Sur le front purement astrophysique, une prolifération d'expériences d'astronomie gamma sont projetées. Des dispositifs de plus en plus ambitieux voient le jour et des sources de neutrinos seront probablement découverts dans la prochaine décennie. Dans quelques années, il sera possible, en raboutant toutes les informations obtenues, d'unifier notre vision des éventuelles sources, et une nouvelle carte du cosmos se révélera.

Mais à quoi tout cela sert-il ?

> *... j'ai dans la tête que la physique sera toujours une pauvre science... en vérité, il vaudrait autant ignorer que de savoir si peu et si mal.*
>
> D. Diderot, *Le Neveu de Rameau*

Pourquoi une telle soif de curiosité ? Car ce n'est nullement un instinct utilitaire visant la protection ou le bien-être immédiat qui pousse l'homme à sonder l'énergie noire ou la masse manquante. La résolution de ces énigmes ne modifiera nullement son frêle destin sur la Terre. La connaissance fondamentale sort du cadre du nécessaire pour plonger dans le superflu. D'autant que cette curiosité a joué dans le passé un tour pendable à l'homme. Avec une connaissance instinctive limitée à son environnement proche, il se sentait le centre de l'Univers. C'est en scrutant avec attention les cieux que sa place s'est de plus en plus marginalisée. L'héliocentrisme a succédé au géocentrisme, et aujourd'hui, avec la relativité générale, l'Univers n'a plus de centre !

Pascal le dit d'une manière percutante : « Qu'est-ce que l'homme dans la nature ? Un néant à l'égard de l'infini, un tout à l'égard du néant, un milieu entre rien et tout. » Mais le milieu reste une position privilégiée, or non seulement l'homme n'est plus au centre de la Création, il n'est peut-être plus partie prenante de la matière prépondérante dans l'Univers, puisque la nouvelle cosmologie nous enseigne que les composantes très majoritaires de l'Univers global sont constituées de matière noire et d'énergie noire totalement étrangères aux tissus humains.

Pourtant, on peut défendre l'idée que grâce à la connaissance l'homme se redimensionne. On a vu qu'au cours des derniers cent ans, la connaissance a prodigieusement étendu son emprise sur le monde environnant, conquérant huit ordres de grandeur dans les deux directions de l'extrême. Il y a un siècle, on venait de découvrir le niveau de l'atome et on commençait à explorer l'espace au-delà du système solaire. Aujourd'hui, on manipule les constituants élémentaires et on sonde les étendues cosmiques jusqu'aux frontières du Big Bang. Par son intelligence, l'homme domine le monde dont il est physiquement prisonnier. Même s'il semble une poussière dans l'Univers, il domine à nouveau son environnement grâce à la puissance de sa pensée. L'Univers contient l'homme qui contient l'Univers, cela n'est pas sans rappeler des idées de *bootstrap* qui furent un temps à la mode en physique des constituants élémentaires. La masse noire et l'énergie noire, bien que totalement étrangères à l'homme, sont traquées par lui, et il s'en rendra un jour ou l'autre le maître.

> *Le jour où vous mangerez du fruit de l'arbre de la connaissance, vos yeux s'ouvriront et vous serez comme des dieux.*
>
> *Genèse*

Alors l'Univers sera-t-il dans l'avenir entièrement compris ?

Le mythe scientifique, c'est précisément l'affirmation que le progrès expliquera un jour tous les phénomènes qui se réalisent dans l'Univers. Cette hypothèse donne parfois aux scientifiques une assurance qui frise l'arrogance, du moins dans l'esprit des non-scientifiques.

Pourtant, il est intéressant de noter que la connaissance n'est plus tout à fait ferme dans ses croyances quand on en est à discuter des frontières du savoir. On a reproché à la science d'être dogmatique, d'assener des vérités qui ne sont pas discutables car c'est le langage unique de la nature. On s'aperçoit aujourd'hui qu'aux confins de la connaissance de nombreux modèles existent, tentant vaille que vaille de coller aux observations. Cette disparité redonne à chacun une sorte de choix dans les interprétations et donc une liberté de croire ou de ne pas croire. Ainsi, il existe des modèles divergents qui tentent d'expliquer des résultats souvent fragmentaires, et à un certain niveau, chacun est libre de préférer tel ou tel scénario. Par exemple, dans le cas de la coupure GZK, Japonais et Américains peuvent avoir des positions opposées. Pour expliquer la masse manquante, certains préfèrent imaginer une variation des « constantes » actuelles de la physique plutôt que d'admettre l'existence de particules supersymétriques. L'intuition revient en avant, la liberté de choix est reconquise. Un jour les énigmes actuelles seront résolues, au fur et à mesure des découvertes à venir, mais d'autres problèmes resteront en suspens, le champ de la liberté d'interprétation sera repoussé, mais il demeurera à la frontière du connu une frange de libre pensée, permettant des solutions au goût de chacun.

Alors, quelle situation asymptotique finale peut-on envisager ?

Malgré le progrès constant de la connaissance, il n'est pas certain que toutes les facettes de la réalité nous soient un jour accessibles. Il est même probable qu'elles ne le soient jamais.

En effet, considérons l'ensemble des mystères de l'Univers d'une part, la capacité du cerveau humain d'autre part. Il y a entre ces deux ensembles un problème de recouvrement au sens mathématique du terme. Dans la comparaison relative de ces deux domaines, deux possibilités logiques existent :

— Les deux ensembles se recouvrent exactement. Ce serait une coïncidence paradoxale qui impliquerait une place évidemment très privilégiée de l'homme. La tentation anthropique revient au galop. Les physiciens n'aiment guère l'évoquer, même si elle est parfois mise en avant en désespoir de cause par certains cosmologistes intrigués par des concordances qui semblent échapper au hasard.

— Les deux ensembles ne se recouvrent pas. Alors s'ouvrent deux chemins dont l'un est un cul-de-sac. L'homme faisant partie de l'Univers, on ne peut imaginer son cerveau ayant une capacité allant au-delà de son contenant, et donc la seule solution logique est d'admettre que l'Univers ne révélera jamais l'ensemble de ses mystères. Après tout, dans un domaine parallèle, la rétine de l'œil n'est sensible qu'à une toute petite part du spectre électromagnétique, et pourtant les ondes radio, les rayons X... existent. Alors, il faut peut-être se résigner à l'existence d'un champ de phénomène restant en dehors des capacités du cerveau.

Cela permet une grande liberté d'interprétation, même si elle rend l'homme un peu plus modeste. Dans la partie de l'inconnaissable à jamais, celle où chacun peut choisir à sa guise, on peut ranger tous les domaines peu ou pas rationnels. L'art, le sentiment, la religion y trouvent naturellement leurs espaces de réalisation.

Est-ce que le cosmos nous fiche la trouille ?
Non. Mettez-vous du côté des anges.

J. Joyce, *Ulysse*

À dire la vérité, il existe une échappatoire scientifique à ce dilemme. Elle est plus en ligne avec le credo des physiciens rationalistes, quoiqu'elle reste tout aussi mystérieuse. Selon les échafaudages des supercordes aujourd'hui en vogue pour tenter de réconcilier la théorie relativiste de la gravitation et les théories quantiques à l'œuvre dans l'infiniment petit, il pourrait exister un très grand nombre d'Univers, chacun doté d'un jeu différent de grandeurs physiques. Nous sommes apparus sur cette Terre et dans cet Univers qui semble justement adapté à nos besoins, mais d'autres Univers existent où nous n'aurions pu apparaître car les conditions régnant n'y sont pas propices à notre existence. Cette hypothèse très spéculative ne semble pas pouvoir être testée expérimentalement de manière aisée, alors on peut aussi bien la ranger dans le domaine de l'incompréhensible au même niveau que les manifestations de l'irrationnel.

Pour pénétrer dans l'infini, avance de tous côtés dans le fini.

J. W. GOETHE

Ainsi notre connaissance ne renfermera probablement jamais l'ensemble de l'existant. Mais avant qu'on n'écrive le mot fin à l'aventure de la recherche et que toutes les vérités à notre portée soient avérées, de nombreuses découvertes seront encore à inscrire au palmarès de l'homme. Alors, ne gâchons pas notre plaisir, la recherche donne encore l'espérance de l'avenir.

… après avoir parlé de la géométrie, j'ai parlé de l'astronomie qui concerne la profondeur en mouvement.
— Il me semble qu'il est évident pour chacun que cette discipline pousse l'âme à regarder vers le haut et qu'elle la conduit des choses d'ici-bas vers celles de là-bas.
— … il faut recourir à cette riche décoration du ciel comme à des modèles en vue de la connaissance des choses supérieures.

PLATON, *La République*

Comprendre le monde environnant qui nous accueille est une tâche enthousiasmante, il faut sans cesse le répéter. L'Univers nous a créés à son image, puisque nous sommes composés des mêmes éléments éparpillés dans toutes les directions de l'espace. Il nous a façonnés grâce à des paramètres physiques finement ajustés pour notre éclosion. Cet Univers qu'on cherche inlassablement à expliquer, sans souci de récompense évidente, se révèle presque infini et presque éternel. Il se présente avec des attributs qu'on associe à l'idée de Dieu. D'autant que Rabelais dans son *Cinquiesme Livre* fait un autre rapprochement : « *Allez, amys, en protection de ceste sphère intellectuelle, de laquelle en tous lieulx est le centre et n'a en lieu aulcun circonférence, que nous appelons Dieu.* »

Certes, l'Univers est une image approximative d'un Être suprême, ce qu'on appelle en physique un modèle, mais il colle à plusieurs paramètres pertinents du problème. Or c'est en affinant les modèles qu'on aboutit à la théorie, c'est-à-dire à l'explication ultime. Alors, la recherche aux limites peut apparaître à certains égards comme une approche d'une recherche sur nous-mêmes. La quête de l'infini à travers les signes du monde sensible, c'est ce qu'on appelle le sentiment religieux. Ainsi, à connaître tous les « comment », peut-être un jour parviendrons-nous à comprendre le « pourquoi ».

Un astronome habitué à vivre en pensée dans les espaces intersidéraux doit avoir moins de mal qu'un autre à mourir.

R. MARTIN DU GARD, *Les Thibault*

Table

DU MÊME AUTEUR

Les Particules élémentaires (avec M. Crozon), PUF, coll. « Que sais-je ? », 1993.

Les neutrinos vont-ils au paradis ?, EDP Sciences, coll. « Bulles de Sciences », 2002.

Combien de particules dans un petit pois ?, Le Pommier, coll. « Les petites pommes du savoir », 2003.

Le Miroir aux neutrinos, Odile Jacob, 2003.

L'homme est-il au centre de l'Univers ?, Le Pommier, coll. « Les petites pommes du savoir », 2004.

Qu'est-ce que la relativité ?, Le Pommier, coll. « Les petites pommes du savoir », 2005.

Marcel Proust à la recherche des sciences, Le Rocher, coll. « Transdisciplinarité », 2005.

Ouvrage publié sous la responsabilité
éditoriale de Gérard Jorland

CET OUVRAGE A ÉTÉ TRANSCODÉ
ET MIS EN PAGES CHEZ NORD COMPO (VILLENEUVE-D'ASCQ)
ET ACHEVÉ D'IMPRIMER
PAR L'IMPRIMERIE FLOCH À MAYENNE
EN AVRIL 2007

N° d'impression : 68191
N° d'édition : 7381-1913-X
Dépôt légal : mai 2007

Imprimé en France